Kristina Ziemer-Falke & Jörg Ziemer

33 BERUFE RUND UM DEN HUND

vom Hobby zum Beruf

Impressum

Blibliografische Informationen der Deutschen Nationalbibliothek:
Die Deutsche Nationalbibliothek verzeichnet diese Publikation in der
Deutschen Nationalbibliografie; detaillierte bibliografische Daten sind über
http://dnb.d-nb.de abrufbar.

ISBN 978-3-942295-18-5

2. Auflage 2020

Autoren: Kristina Ziemer-Falke, Jörg Ziemer
Herausgeber: zsr Verlag OHG, Oldenburg
Layout & Cover: Torben Ziemer, Ziemer & Falke - Schulungszentrum für
Hundetrainer GmbH & Co. KG

Druck: ScandinavianBook
Printed in EU

Inhalt

Inhalt

VORWORT

Darum dieses Buch

Hunde sind deine große Leidenschaft und am liebsten möchtest du deinen Alltag so gestalten können, dass du täglich mit deinem und mit anderen Hunden zusammenarbeiten kannst? Herzlichen Glückwunsch, dadurch, dass du deinen neuen kleinen Ratgeber in Händen hältst, bist du deinem Traum vielleicht schon etwas nähergekommen, denn er gibt dir die Möglichkeit, dich nun intensiver mit verschiedenen Hundeberufen auseinanderzusetzen.

Wir sind so oft gefragt worden, welche Möglichkeiten es gibt, mit Hunden zu arbeiten, dass wir uns schlussendlich entschieden haben, eine kleine Zusammenfassung zu schreiben und somit noch besser unterstützen zu können. Gerade, weil es zu diesem Thema viel zu lesen gibt, aber oft ein roter Faden fehlt, freuen wir uns, dass wir hier aushelfen können.

Auch uns ist es so ergangen und wir wollten unsere Zeit gern mit Hunden und deren Haltern verbringen. Wir können dich daher gut verstehen und hoffen, dass wir dir mit diesem Ratgeber eine Freude machen und er dich auf deinem Weg begleiten wird.

Wir sind schon gespannt, bei welchem Hundeberuf es bei dir im Bauch zu kribbeln beginnt. Solltest du noch weitere Fragen haben, melde dich gerne bei uns. Wir freuen uns auf dich! Noch ein Hinweis für dich: Für viele anerkannte Ausbildungsberufe kannst du Berufsausbildungsbeihilfe (BAB) beantragen. Ob du ein Anrecht darauf hast, kannst du z. B. auf der Internetseite *www.ausbildung.de/ratgeber/gehalt* erfahren.

Jetzt wünschen wir dir aber erstmal viel Spaß beim Lesen!

DEINE TINA UND DEIN JÖRG
Die Autoren

33 Berufe rund um den Hund

So viele Menschen jeden Alters haben den Wunsch, ihr Leben mit Hunden zu verbringen. Und das nicht nur als Hobby, sondern auch als Beruf. Aber welcher Beruf kommt infrage? Individuelle Vorlieben, Schulausbildung und Experimentierfreudigkeit spielen eine große Rolle. Neben den klassischen Tierberufen haben sich in den letzten Jahren auch viele neue Beschäftigungs- und Arbeitsmöglichkeiten eröffnet. Dieses Buch soll einen Einblick in moderne Hundeberufe geben, denn es gibt nichts Schöneres, als eine Arbeit zu haben, die Berufung ist und nicht nur ein Job zum Geld verdienen.

Anmerkung: Aufgrund der besseren Lesbarkeit wird in diesem Buch durchgehend die männliche Form der Berufsbezeichnung verwendet, aber natürlich sind Frauen gleichermaßen angesprochen.

LOS GEHT ES!

01

TIERARZT (VETERINÄR)

Berufsbild

Tierärzte untersuchen Tiere, diagnostizieren Krankheiten, behandeln und heilen sie im besten Fall. Sie beraten über notwendige Impfungen, Untersuchungen oder Operationen und erleichtern dem Tier oftmals den letzten Weg.

Tierärzte arbeiten selbstständig oder angestellt in Tierarztpraxen oder -kliniken. Auch können sie in Forschung und Lehre, bei Veterinärämtern, bei der Lebensmittelkontrolle, in Tierparks und Zoos und in der pharmazeutischen Forschung Arbeit finden.

Die Berufsbezeichnung „Tierarzt" ist geschützt. Um den Beruf auszuüben, bedarf es, ähnlich wie bei einem Humanmediziner, einer staatlichen Erlaubnis (Approbation). Tierärzte zählen als Schützer der Tiere zu den freien Berufen und sind nicht gewerbetreibend.

Gerade in Großstädten gibt es oft ein Überangebot an Kleintier-Veterinären. Möchtest du dich also nach dem Studium mit eigener Praxis niederlassen, musst du dir einen guten Standort aussuchen, damit dein Auskommen gesichert ist. Falls du Großtiere dazu nimmst, sieht die Perspektive sehr viel besser aus. Eine weitere Möglichkeit wäre es auch, sich zu spezialisieren (z. B. auf Biologische Medizin, Onkologie oder Geriatrie oder auf bestimmte Tierarten wie Reptilien, Vögel, Exoten usw.).

Du kannst auch eine mobile Praxis betreiben oder dich in einer Klinik anstellen lassen. Moderne Tierkliniken bieten heute neben der Chirurgie, Labordiagnostik und Pathologie auch besondere Untersuchungen zur Diagnostik wie MRT, CT und Sonografie an.

Ganz allgemein kann man sagen, dass in städtischen Gebieten vorwiegend Kleintierarztpraxen für Heim- und Haustiere wie Hunde, Katzen, Vögel und Nagetiere zu finden sind. Auf dem Land findet man eher Großtierpraxen für Nutztiere wie Rinder, Schweine, Schafe, Geflügel und auch Pferde oder auch gemischte Praxen für Groß- und Kleintiere.

Voraussetzungen und Ausbildung

Um Tierarzt zu werden, benötigst du das Abitur. Zudem liegt auf dem Fach ein hoher NC (Numerus clausus) zwischen 1,0 und 1,5. Du benötigst daher sehr gute Noten im Zeugnis.

Fünf Universitäten in Deutschland bieten derzeit das Studium Tiermedizin an: München, Gießen, Hannover, Berlin und Leipzig. Die Regelstudienzeit beträgt elf Semester (neun theoretische, zwei praktische Semester) und umfasst unter anderem die Fächer Physik, Chemie, Zoologie, Botanik und Radiologie. Und natürlich lernst du auch Anatomie, Histologie, Embryologie, Biochemie, Tierzucht und Genetik sowie Tierzahnheilkunde, Chirurgie, Orthopädie und Augenheilkunde.

Durch Erstellen einer wissenschaftlichen Arbeit (Dissertation) kann zudem der Titel Doctor medicinae veterinariae (Dr. med. vet.) erworben werden. Eine Promotion ist auf jeden Fall zu empfehlen, vor allem, wenn du in einer städtischen Praxis arbeiten willst.

Falls du möchtest, kannst du dich zum Fachtierarzt weiterbilden, d. h. du erwirbst eine Zusatzqualifikation auf einem bestimmten Fachgebiet. Dies können neben medizinischen Fachgebieten wie z. B. Innere Medizin oder Chirurgie, auch bestimmte Tierarten und Tiergruppen sein, wie z. B. Kleintiere, Pferde oder Reptilien.

Der öffentliche Dienst bietet Fachtierarztrichtungen wie z. B. öffentliches Veterinärwesen, Schlachthofwesen, Fleischhygiene und -technologien und Tierschutz an.

Als Fachtierarzt kannst du weitere Zusatzbezeichnungen w. z. B. Dermatologe, Augenheilkunde, Kardiologe oder Heimtiere erwerben.

Der Beruf des Tierarztes ist oftmals mit körperlichen Herausforderungen verbunden. Das gilt vor allem für die Betreuung von Großtieren. Auch unregelmäßige Arbeitszeiten, insbesondere Not-, Nacht- oder Wochenenddienste, können körperlich belasten. Hinzu kommt die psychische Belastung. Überlege dir gut, ob du mit Krankheit, Leid und Tod umgehen kannst. Vergiss auch nicht, dass nicht nur die Tiere leiden, auch ihre Halter tun es. Als Tierarzt solltest du nicht nur mit Tieren, sondern auch mit Menschen gut umgehen können. Du wirst auch viel menschliche Unwissenheit zu Gesicht bekommen, die du zum Wohl des Tieres ertragen musst.

Verdienst

Tierärzte erheben für ihre Behandlungen Honorare und rechnen in Deutschland nach der Gebührenordnung für Tierärzte (GOT) ab, die Mindestsätze für tierärztliche Leistungen festlegt. Das Honorar wird von den Besitzern gezahlt, was bei schweren Erkrankungen des Tieres zu erheblichen finanziellen Belastungen führen kann. Um dieses Risiko zu mindern, bieten seit einigen Jahren spezielle Versicherungen auch Krankenversicherungen für Tiere an.

Das durchschnittliche Einkommen eines Tierarztes wird je nach Bundesland mit ca. 1.500,00 € bis 3.500,00 € angegeben. Bei einer gut gehenden Praxis oder als bekannter Fachtierarzt kann es auch um einiges darüber liegen.

Die nächsten Schritte

Falls du Abitur hast und der NC für dich kein Hindernis darstellt, schau dir die verschiedenen tierärztlichen Hochschulen und ihre Angebote an. Das Studium beginnt stets zum Wintersemester. Oftmals wird zusätzlich der Nachweis von guten Englischkenntnissen verlangt. Das Latinum ist nicht mehr Voraussetzung. Studenten ohne Lateinkenntnisse müssen jedoch zusätzliche Seminare besuchen.

Aufgrund der Vielzahl der Bewerber kommt es zu Auswahlverfahren. Für die Tiermedizin läuft die Bewerbung zentral über die Homepage *www.hochschulstart.de*. Hier kommt die 20-20-60-Regel zur Anwendung. 20 % der Studienplätze werden aufgrund der Abiturnote vergeben, 20 % werden aufgrund der Wartezeit vergeben und 60 % vergeben die Hochschulen auf Basis eigener Kriterien. Manchmal wird dabei die Abiturnote allein bewertet, es können aber auch andere Kriterien zählen. Achtung! Einige Unis verlangen eine zusätzliche Bewerbung an ihre Adresse.

Wenn Studienplätze zu Beginn des Semesters frei bleiben, wird unter Umständen auch ein Losverfahren durchgeführt. Es ist also manchmal auch möglich, ohne den geforderten NC einen Studienplatz zu ergattern. Da sich diese Zulassungsverfahren des Öfteren einmal ändern und auch von Hochschule zu Hochschule unterschiedlich sein können, mache dich rechtzeitig kundig, was verlangt wird.

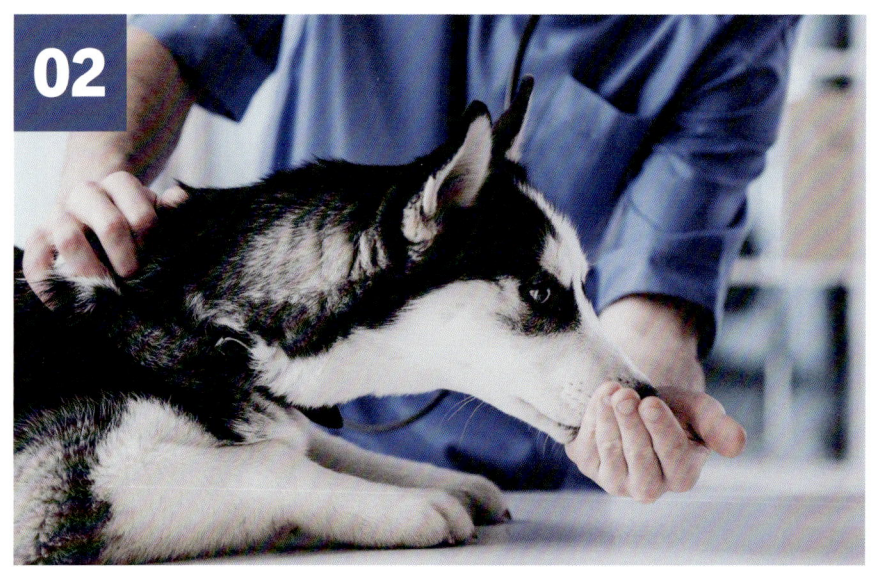

02

TIERMEDIZINISCHER FACHANGESTELLTER (TFA)

Berufsbild

Tiermedizinische Fachangestellte, gern auch noch mit dem alten Begriff Tierarzthelfer bezeichnet, assistieren Tierärzten bei der Untersuchung, Behandlung und Betreuung von tierischen Patienten. Zudem führen sie Verwaltungsarbeiten durch.

Das Aufgabenfeld ist sehr vielseitig. Ängstliche oder aggressive Patienten müssen beruhigt und gesichert werden, du organisierst den Sprechstundenablauf, übernimmst Verwaltungs- und Abrechnungsaufgaben, assistierst dem Tierarzt auch bei Operationen, achtest auf Hygiene, berätst die Tierhalter hinsichtlich richtiger Haltung, Pflege und Gesundheit, leistest Erste Hilfe bei Notfällen, fertigst Röntgenbilder an und führst Laborarbeiten durch. Du kümmerst dich um die Nachversorgung von operierten Tieren sowie die Medikamentengabe und Betreuung von Tieren auf einer Krankenstation. Zudem kümmerst du dich um die tierärztliche Apotheke und bestellst die zur Behandlung notwendigen Medikamente.

Je nach Arbeitsplatz können noch viele weitere Aufgaben hinzukommen. Typischerweise arbeiten Tiermedizinische Fachangestellte in Tierarztpraxen und Tierkliniken, aber auch in Natur- und Tierparks, an tiermedizinischen Hochschulen, in der Forschung und in Veterinärämtern.

Voraussetzungen und Ausbildung

Eine dreijährige Ausbildung ist Voraussetzung. Je nach Vorbildung (Abitur oder andere Vor- bzw. Ausbildungen) kann die Ausbildung auch schon mal um ein Jahr gekürzt werden, aber das ist nicht die Regel. Es gibt keine vorgeschriebene Schulbildung als Voraussetzung für diesen Beruf, allerdings bevorzugen die meisten Betriebe die Hochschulreife. Zudem muss die gesundheitliche Eignung mittels eines ärztlichen Attestes nachgewiesen werden. Die Berufsbezeichnung ist geschützt und die Ausbildung endet mit der Abschlussprüfung vor der Tierärztekammer.

Tierliebe ist natürlich Grundvoraussetzung und diese sollte nicht nur Hunde einschließen, denn ausschließlich auf Hunde spezialisierte Praxen gibt es recht selten. Du solltest gut organisieren können, keine Angst vor Blut haben, Empathie besitzen, um mit den besorgten Tierhaltern angemessen umzugehen und auch bei Notfällen einen kühlen Kopf bewahren können. Auch solltest du körperlich fit sein, denn du musst in der Lage sein, auch große Hunde auf den Behandlungstisch zu heben, widerspenstige Katzen gut zu sichern oder den schweren Kopf eines sedierten Pferdes zu halten, während dein Chef ihm die Zähne raspelt.

Auch die psychische Belastung kann erheblich sein, das ist nicht zu unterschätzen. Krankheit und Tod sind im Praxisalltag allgegenwärtig, auch weinende, verzweifelte Tierhalter müssen aufgefangen werden.

Viele Tierarzthelfer bilden sich weiter z. B. zu Ernährungsberatern, Physiotherapeuten, Tierheilpraktikern oder Praxismanagern und können damit weiterführende Aufgaben übernehmen.

Die Ausbildung erfolgt überwiegend in der Praxis, zudem musst du i. d. R. aber auch die Berufsschule besuchen. Vor Ende des zweiten Ausbildungsjahres wird eine Zwischenprüfung abgelegt.

Im Anschluss erfolgt die Abschlussprüfung durch die Tierärztekammer. Es wird in den Bereichen Tiermedizinische Fachkunde, Praxisorganisation und Verwaltung sowie in Wirtschafts- und Sozialkunde geprüft. Die Prüfung enthält einen schriftlichen sowie einen mündlichen und einen praktischen Teil.

Nach bestandener Abschlussprüfung ist eine Weiterbildung zum Fachtierarzthelfer mit zertifizierter Qualifizierung in den Fachgebieten Narkose, Schmerzbehandlung, Parasitenbekämpfung oder Zahnpflege möglich. Zusätzlich besteht die Möglichkeit einer Weiterbildung zum Biotechniker.

Verdienst

Während derzeit die Ausbildungsvergütung im 1. Jahr bei ca. 580,00 €, im 2. Jahr bei ca. 650,00 € und im 3. Jahr bei ca. 700,00 € liegt, beträgt das Gehalt eines ausgelernten Tiermedizinischen Fachangestellten je nach Einsatz und Qualifikation zwischen 1.500,00 € und 2.600,00 €.

Die nächsten Schritte

Falls du dich für diesen Beruf interessierst, wäre es sinnvoll, zunächst bei einem Tierarzt ein Praktikum zu absolvieren. Das wird auch von der Tierärztekammer grundsätzlich empfohlen, da häufig realitätsferne Vorstellungen vom Berufsbild des Tiermedizinischen Fachangestellten bestehen.

Du möchtest vermutlich vorrangig mit Hunden zu tun haben. Überlege dir aber auch, ob eine gemischte Praxis mit Klein- und Großtieren infrage käme.

Dann geht es an das Schreiben von Bewerbungen. Schicke mehrere Bewerbungen los, damit du verschiedene Praxen kennenlernen kannst und vielleicht auch ein Gefühl dafür bekommst, welche Teamatmosphäre dort herrscht. Vielleicht kennst du durch deine eigenen Tiere aber auch schon verschiedene Praxen und kannst dort persönlich nachhören, ob Azubis gesucht werden.

03

TIERHEILPRAKTIKER

Berufsbild

Ein Tierheilpraktiker behandelt Tiere, ohne eine tierärztliche Ausbildung absolviert zu haben. Es gibt keine gesetzliche Regelung über die Ausübung und Ausbildung zu diesem Beruf. Der Begriff ist nicht geschützt und kann von jedem geführt werden.

Ein Tierheilpraktiker behandelt Tiere alternativmedizinisch. Er sieht die Tiere ganzheitlich und individuell und sucht nach den krankmachenden Ursachen, die zu den vorliegenden Symptomen/Erkrankungen führen. Dabei spielt auch das Lebensumfeld des Tieres eine große Rolle.

Seine Behandlung soll die körpereigenen Fähigkeiten zur Selbstheilung aktivieren. Je nach Ausbildung arbeiten Tierheilpraktiker mit unterschiedlichen Methoden, die auch untereinander kombiniert werden können. Beispiele dafür sind die Homöopathie, die Pflanzenheilkunde, die Aromatherapie, die Bachblütentherapie, die Akupunktur, die Biochemie nach Schüßler und viele mehr.

Manche Tierheilpraktiker spezialisieren sich auf komplexe Heilmethoden wie die klassische Homöopathie oder die Traditionelle Chinesische Medizin (TCM).

Neben klassischen diagnostischen Verfahren, wie Abtasten, Abhören, Befragen des Tierhalters und evtl. Laboruntersuchungen, kommen auch alternative diagnostische Verfahren wie z. B. die Bioresonanztherapie, das Pendeln oder die Kinesiologie zum Einsatz.

Besonders bei chronischen Erkrankungen und Allergien kann die tierheilpraktische Behandlung viele Erfolge vorweisen. Idealerweise arbeiten Tierheilpraktiker und Veterinärmediziner Hand in Hand und unterstützen sich gegenseitig. In jüngster Zeit erfahren diese alternativen Behandlungsmethoden wieder eine hohe Akzeptanz, da die Ergebnisse ihrer Behandlungen durchaus beachtenswert sind.

Als Tierheilpraktiker kannst du z. B. in folgenden Bereichen arbeiten:

- Tierheilpraxis (auch mobile Praxen sind möglich)
- Zucht und Haltung von Tieren
- Zootierbetreuung
- Tierheim- und Gnadenhofbetreuung
- Tierfuttermittelherstellung und -vertrieb
- Tierhandel, Tierbedarfshandel etc.

Psychosomatische Erkrankungen nehmen auch beim Tier sprunghaft zu. Daher ist eine Zusatzausbildung im Bereich Psychosomatik ebenfalls eine Möglichkeit, sich von der zunehmenden Masse der Tierheilpraktiker abzusetzen. Die Ursache für psychosomatische Erkrankungen beim Tier findet sich vor allem im sozialen Umfeld und in der Haltung. Die Naturheilkunde bietet hier eine Vielzahl von Behandlungsmöglichkeiten.

Voraussetzungen und Ausbildung

In Deutschland gibt es keine einheitlich geregelte Ausbildung für den Tierheilpraktiker. Entsprechend unterschiedlich ist die Spannbreite der Ausbildungsdauer und -kosten!

Du kannst von Wochenendseminaren über mehrmonatige Fernlehrgänge bis hin zum zweijährigen Vollzeitunterricht zuzüglich Praxisphasen oder Praktika alles finden. Es versteht sich von selbst, dass du nur eine gute Schule aussuchen solltest, die sowohl Theorie als auch Praxis anbietet und viel Wert auf eine gründliche Ausbildung legt. Oftmals kannst du dich zwischen den Schwerpunkten „Hund, Katze und Kleintier" und „Pferd" entscheiden.

Vor allem werden Anatomie, Physiologie und Pathologie sowie verschiedene alternative Therapiemöglichkeiten geschult.

Die Ausbildungskosten liegen je nach Ausbildungsart zwischen ca. 1.500,00 € und bis zu 7.000,00 €. Viele Stunden mit zusätzlicher Spezialisierung, weiteren Fortbildungen und Praktika schließen sich an. Das Mindestalter für den Beginn einer Ausbildung liegt bei 17 bis 18 Jahren.

Als Tierheilpraktiker unterliegst du wie Laien den Beschränkungen des Arzneimittelrechts und des Tierschutzes. So darfst du keine verschreibungspflichtigen Medikamente rezeptieren oder einsetzen, nicht impfen und keine chirurgischen Eingriffe vornehmen (da du keine Narkosen setzen darfst, die laut Tierschutzgesetz bei schmerzhaften Eingriffen vorgeschrieben sind).

Je nach Bundesland ist eine Anmeldung, teils in Verbindung mit einem Sachkundenachweis, beim zuständigen Veterinäramt notwendig. Informationen hierzu sollten unbedingt vorab eingeholt werden! Bei Fehldiagnosen oder Falschbehandlungen haftet ein Tierheilpraktiker nach geltenden gesetzlichen Grundlagen.

Verdienst

Das Einkommen eines Tierheilpraktikers ist von mehreren Faktoren abhängig. Berücksichtigt werden muss, ob der Beruf in Vollzeit oder nebenberuflich in Teilzeit, in einer eigenen Praxis oder im Angestelltenverhältnis ausgeübt wird. Und natürlich hängt der Verdienst auch davon ab, wie gut und wie geschäftstüchtig man ist.

Das Durchschnittseinkommen in Vollzeit kann bei monatlich ca. 2.300,00 € liegen, evtl. aber auch deutlich darunter und, seltener, auch darüber.

Die Kosten für eine Behandlung schwanken je nach Tier- und Behandlungsart und nach dem Standort der Praxis. Neben der Berufserfahrung spielen Ausbildung, Bekanntheit, Region und Auftragslage eine entscheidende Rolle. Mundpropaganda, das Empfehlungsmarketing, ist für solche Berufe lebensnotwendig.

Viele Tierheilpraktiker geben auch Seminare für Patientenhalter, Interessierte und Kollegen, durch die oftmals ein guter Zusatzverdienst möglich wird. Auch ist eine Dozententätigkeit an Tierheilpraktikerschulen denkbar.

In **Österreich** ist dieser Beruf nach dem Tierärztegesetz verboten und kann nur als Hilfesteller-Gewerbe, wie z. B. Tierenergetiker oder Tieraromatologe, angeboten werden.

In der **Schweiz** unterliegt die Ausübung je nach Kanton verschiedenen Richtlinien von verboten bis erlaubt.

Die nächsten Schritte

Falls du dich für die Ausbildung zum Tierheilpraktiker interessierst, so schau dir die vielen verschiedenen Angebote im Internet sorgfältig an. Es kommt auch auf deine eigene Persönlichkeit und deine Lernweise an, ob du einen Fernlehrgang oder Präsenzunterricht vorziehst. Natürlich spielt auch deine häusliche und berufliche Situation eine große Rolle. Bei manchen Schulen sitzen im Präsenzunterricht hundert Leute und mehr, in anderen Schulen wird auf kleine Gruppen Wert gelegt.

Erkundige dich auch, wo die Praxisseminare stattfinden und wer sie durchführt. Wie groß sind dort die Gruppen? Selbstverständlich spielt auch der Preis eine Rolle. Viele Schulen bieten Teilzahlungsmodelle an. Falls du gerne allein lernst, Disziplin hast und dir die Zeit selbst einteilen möchtest, kann Fernunterricht die richtige Ausbildungsform für dich sein. Aber auch hier müssen neben einer guten Betreuung durch Fernlehrer unbedingt Praxisseminare hinzukommen.

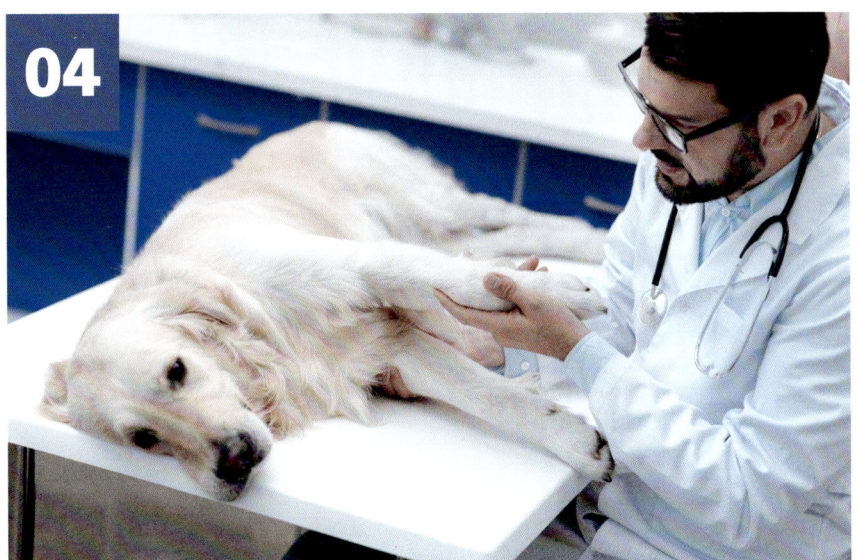

04

HUNDEPHYSIOTHERAPEUT

Berufsbild

Ein Hundephysiotherapeut kennt sich mit Verletzungen und Schäden des Bewegungsapparates aus, weiß, wie diese behandelt werden und wie man Verschleiß vorbeugen kann. Nach Unfällen und Operationen ist oftmals Krankengymnastik angesagt, wie im Humanbereich auch. Auch Massagen, Bewegungstherapien (Schwimmen, Unterwasserlaufband u. a.), Kälte- und Wärmeanwendungen, Elektrostimulation und Akupressur kommen zum Einsatz. Dazu stellt ein Tierphysiotherapeut Behandlungspläne auf, die die Halter auch Zuhause an ihrem Hund durchführen können.

Hundephysiotherapeuten arbeiten in der Regel eng mit Tierärzten, Tierkliniken und Tierheilpraktikern zusammen. Auch Hundetrainer erkennen oft, dass bei ihren Kundenhunden etwas mit dem Bewegungsapparat nicht in Ordnung ist und raten dazu, einen Physiotherapeuten aufzusuchen. Aber auch aufmerksame Hundehalter suchen den Rat von Physiotherapeuten, das gilt nicht nur für Halter alter Hunde.

Exkurs: Osteopathie für Hunde

Seit einigen Jahren gibt es die Möglichkeit der (Zusatz-)Ausbildung zum Hundeosteopathen. Die Osteopathie wurde vor gut 130 Jahren von Dr. Taylor Still für Menschen entwickelt. Er erkannte, dass Krankheiten mit einer verminderten Eigenbewegung von Strukturen wie Muskeln, Faszien, Bändern, Gelenken, Knochen und Organen einhergehen. Die ganzheitlich ausgerichtete Osteopathie hilft dabei, Bewegungseinschränkungen aufzuspüren und zu lösen. Sie wurde in den 70er Jahren des letzten Jahrhunderts auf Pferde und einige Jahre später auch auf Hunde übertragen. Häufig kommen beim Hund Faszientechniken, Einrenkungen und die Cranio-Sakral-Therapie zum Einsatz.

Voraussetzungen und Ausbildung

Neben Tierliebe gehören ein hohes Maß an Einfühlungsvermögen, eine gute Beobachtungsgabe und ausgezeichnete Kenntnisse der Hundesprache zu den Voraussetzungen. Das ist so wichtig, da Hunde kein verbales Feedback auf die Behandlungen geben können. Da die Manipulation am Bewegungsapparat schmerzhaft sein kann, reagieren manche Hunde mit Zuschnappen. Auch darauf musst du gefasst sein.

Da viel in gebückter Haltung gearbeitet wird, ist auch ein gesunder Rücken von Vorteil. Ein ausreichendes Maß an körperlicher Kraft und kräftige Hände sind ebenfalls Voraussetzung.

Eine einheitliche Ausbildung zum Tier- oder Hundephysiotherapeuten gibt es in Deutschland leider nicht. Dieser Beruf ist weder geschützt noch staatlich anerkannt. Die von Schulen, Verbänden und Ausbildungsstätten angebotenen Ausbildungen variieren sehr stark in ihren Lern- und Ausbildungsinhalten und müssen alle privat bezahlt werden.

Zu einer umfassenden Ausbildung gehört neben dem theoretischen Unterricht viel Praxis. Durchschnittlich dauert eine Ausbildung ca. zwei Jahre und wird nach bestandener Abschlussprüfung in Theorie und Praxis mit einem Diplom beendet. Die Kosten für eine Ausbildung liegen zwischen 4.000,00 € und 10.000,00 €, je nach Spezialisierung und Vorkenntnissen. Auch nach Abschluss der Ausbildung solltest du dich regelmäßig weiter fortbilden.

Ideal ist es natürlich, wenn du bereits eine staatlich anerkannte Ausbildung zum Physiotherapeuten für Menschen besitzt und darauf die Spezialisierung für die Arbeit mit Tieren setzt.

Der Beruf unterliegt keiner Beschränkung. In einigen deutschen Bundesländern muss die Tätigkeit und/oder eine Praxiseröffnung beim zuständigen Veterinäramt angemeldet werden, evtl. in Verbindung mit einem Sachkundenachweis. Ein Tier- oder Hundephysiotherapeut haftet bei Fehldiagnosen oder Falschbehandlungen im Rahmen der für jedermann geltenden gesetzlichen Grundlagen. Daher ist eine Berufshaftpflicht- und eine Rechtsschutzversicherung dringend anzuraten.

Da das Thema so komplex ist, empfiehlt es sich, nach der Ausbildung zunächst in einer bestehenden Praxis mitzuarbeiten, als eine Art Assistenzzeit. Später kannst du dich mit einer eigenen Praxis (evtl. auch mobil) selbstständig machen. Eine Mitarbeit in den Räumen eines Tierarztes, einer Tierklinik oder eines Tierheilpraktikers ist ebenso möglich und bietet viele Vorteile.

In **Österreich** ist der Tierphysiotherapeut kein anerkannter Veterinärberuf. Nur Tierärzte dürfen kranke Tiere behandeln. Seit Februar 2014 besteht der Tierphysiotherapeutenverein Österreich, bei dem man sich über die aktuelle Rechtslage informieren kann.

In der **Schweiz** muss eine abgeschlossene Ausbildung zum Humanphysiotherapeuten oder Arzt mit Zusatzausbildung in Manueller Medizin oder zum Tierarzt nachgewiesen werden.

Verdienst

Der Verdienst ist abhängig davon, ob du den Beruf haupt- oder nebenberuflich ausübst und natürlich auch davon, wie gut die Praxis läuft. Wenn du viele Behandlungserfolge hast, wird sich das herumsprechen und du wirst weiterempfohlen werden.

Der durchschnittliche Preis für eine Behandlung, abhängig von der Spezialisierung, liegt zwischen 30,00 € und 80,00 €. Bei einer mobilen Praxis kommen evtl. die Anfahrtskosten hinzu.

In größeren Städten wird die Hundephysiotherapie in der Regel besser akzeptiert als auf dem Land.

Die nächsten Schritte

Schau dir die Angebote der verschiedenen Ausbildungsinstitute an und vergleiche sie. Ein hoher Praxisanteil ist bei dieser Ausbildung essentiell. Manche Institute bieten auch die Möglichkeit an, Praktika zu absolvieren. Der theoretische Teil kann auch hier entweder im Fernstudium oder in Form von Präsenzseminaren absolviert werden.

Bei den unterschiedlichen Verbänden kannst du dich weiter informieren:

- Bundesverband zertifizierter Tierphysiotherapeuten e.V.
- Deutsche Gesellschaft für Tierheilpraktiker und Tierphysiotherapeuten
- Tierphysiotherapie Verband Deutschland e.V.
- 1. Verband für Tierphysiotherapie e.V.
- BVM – Berufsverband veterinärmedizinischer Manualtherapeuten e.V.

HUNDEPSYCHOLOGE/HUNDEVERHALTENSBERATER

Berufsbild

Der Hundepsychologe ist für das psychische Wohl eines Hundes zuständig. Er steht einem Hundehalter beratend zur Seite und vermittelt ihm, wie er seinem Hund helfen kann, wenn dieser aus psychischen Gründen eine verminderte Lebensqualität hat. Das Hauptaugenmerk des Hundepsychologen liegt also auf der psychischen Gesundheit des Hundes.

Oftmals arbeiten Hundepsychologen bzw. Hundeverhaltenstherapeuten dabei mit Hundetrainern, Tierärzten, Tierphysiotherapeuten und Tierheilpraktikern zusammen. Die Abgrenzung zu Hundetrainern ist nicht immer scharf. Zwar liegt der Schwerpunkt des Hundepsychologen auf der Beratung, dennoch werden oftmals auch praktisch erwünschte Verhaltensweisen eingeübt.

Der Tätigkeitsbereich des Hundeverhaltenstherapeuten beginnt bereits im Welpenalter des Hundes. Bei erwachsenen Hunden werden Psychologen in der Regel aufgrund von Problemverhalten aufgesucht, wie zum Beispiel unerwünschtes Verhalten im Haus (Zerkauen von Gegenständen, übermäßiges Bellen, Unsauberkeit, Trennungsangst), andauerndes Bellen beim Autofahren, Angst oder Aggression.

Das Trainingsprogramm wird dann in enger Zusammenarbeit mit dem Halter durchgeführt. Hierbei kommt der Beziehung Tierhalter-Hund eine besondere Bedeutung zu. Dem Halter wird dabei grundlegendes Wissen über den Hund, seine Körpersprache und seine Bedürfnisse vermittelt.

Der Hundeverhaltenstherapeut berät auch in der artgerechten und natürlichen Hundehaltung, evtl. der Ernährung sowie beim Welpenkauf.

Empfehlenswert sind Fortbildungen im Bereich der Naturheilkunde und der Körpertherapien. Sanfte Massagetechniken, Tellington-TTouch®, Aromatherapie, Bachblütentherapie und Homöopathie können beispielsweise die Verhaltens- und Psychotherapie wesentlich unterstützen.

Du kannst eine eigene Praxis eröffnen oder dich auf Hausbesuche spezialisieren, was gerade im Bereich der Verhaltenstherapie oftmals sinnvoll sein kann.

Voraussetzungen und Ausbildung

Voraussetzung ist viel Empathie für Hund und Mensch. Zudem musst du auch Selbstbewusstsein ausstrahlen, denn so manche Hundehalter zeigen sich beratungsresistent. Kannst du damit umgehen, dass du einem Hund vielleicht nicht helfen kannst, weil der Halter nicht mitarbeitet? Und natürlich solltest du ausgezeichnete Kenntnisse der Hundesprache besitzen und sie auch selbst einsetzen können.

Die Ausbildung dauert zwischen einem und zwei Jahren. Es werden vor allem Themen wie Verhaltensbiologie des Hundes, Neurobiologie und Neuropsychologie, Kommunikation, Lernverhalten und medizinische Grundlagen gelehrt.

Um den Beruf ausüben zu dürfen, musst du dich mit dem Veterinäramt in Verbindung setzen. Es erteilt eine Erlaubnis und überprüft zuvor die nötige Sachkunde. Dabei ist es wichtig, dass du eine fundierte Ausbildung durchläufst, die dich mit den neuen und wissenschaftlich anerkannten Trainingstechniken vertraut macht und dir tierschutzkonformes Hundetraining und Wissen vermittelt. Kannst du das unter Beweis stellen und zudem noch ein polizeiliches Führungszeugnis ohne Eintragungen vorlegen, steht einer Genehmigung nichts im Wege. Ein Hinweis in eigener Sache: Hättest du gerne weitere Infos zum Thema Verhaltensberater für Hunde, schau gerne auch mal auf unserer Webseite *www.ziemer-falke.de* und sprich uns bei Interesse gerne an.

Eine einheitliche Ausbildung zum Tierpsychologen bzw. -verhaltenstherapeuten gibt es in Deutschland leider nicht. Dieser Beruf ist weder geschützt noch staatlich anerkannt. Die Ausbildung kostet im Durchschnitt zwischen 1.500,00 € und 5.000,00 €, kann aber, je nach Ausbildungsinstitut und Umfang der Ausbildung, auch schon mal an die 10.000,00 € kosten. Hast du bereits einen Tierberuf und machst eine Weiterbildung zum Verhaltenstherapeuten, dann ist es günstiger, als wenn du ein „Neuling" bist. Eine Ratenzahlung ist fast immer möglich.

Verdienst

Der Verdienst ist abhängig davon, wie gut die Praxis läuft. Dabei spielen der Standort, dein Bekanntheitsgrad, Weiterempfehlungen und deine Erfolge eine große Rolle. Im Durchschnitt werden für eine Beratungsstunde zwischen 50,00 € und 100,00 € berechnet. Dazu kommen evtl. Anfahrtskosten.

Die nächsten Schritte

Vergleiche aufmerksam die verschiedenen Ausbildungsangebote. Ob du einem Fernlehrgang Präsenzseminare vorziehst, hängt von deiner Persönlichkeit und deiner häuslichen und beruflichen Situation ab. Auch Praxisseminare sollten nicht außer Acht gelassen werden.

ERNÄHRUNGSBERATER FÜR HUNDE

Berufsbild

Ein Hundeernährungsberater berät Hundehalter professionell über artgerechte Ernährung. Er ist ein Spezialist für Hundenahrung und kennt sich mit der Zusammensetzung von Proteinen, Kohlenhydraten, Fetten und Zusatzstoffen in Hundefutter aus. Dabei sollte er möglichst unabhängig von der mächtigen Futtermittelindustrie agieren.

Der Hundeernährungsberater kennt sich weiterhin aus mit der Anatomie und Physiologie des Hundes, mit Stoffwechsel, Verdauung und Resorption. Zudem besitzt er grundlegende Kenntnisse über ernährungsbedingte Erkrankungen.

Das Futter muss individuell zum Hund passen, es sollte seinem Alter und Bedarf angepasst sein. Viele Hunde haben eine Futtermittelallergie oder -sensitivität und benötigen spezielles Futter. Andere Hunde brauchen aufgrund einer Vorerkrankung spezielles Futter.

Der Ernährungsberater hilft auch beim Abspecken übergewichtiger Hunde und berät, wie zu magere Hunde an Gewicht gewinnen können.

In den meisten Fällen bekommt es der Ernährungsberater mit kranken Hunden zu tun. Daher ist eine gute Zusammenarbeit mit Tierärzten und Tierheilpraktikern wichtig. Diese Zusammenarbeit ist jedoch nicht immer unproblematisch, wenn z. B. Tierärzte Diätfuttermittel vertreiben wollen, während die meisten Tierheilpraktiker auf Rohfütterung bestehen. Die Erfordernisse des jeweiligen Hundes sollten jedoch stets im Vordergrund stehen.

Der Hundeernährungsberater kennt sich natürlich auch mit aktuellen Futtertrends aus, wie z. B. BARF (Biologisch Artgerechtes Rohes Futter) oder der vegetarischen Hundeernährung und weiß auch um mögliche Risiken.

Futtershop

Du kannst auch überlegen, ob du dich mit einem Futtershop selbstständig machen willst. Das kann ein Ladenlokal sein, aber auch ein Internetshop oder eine Kombination aus beidem. Für den Fachhandel mit Ladenlokal ist der richtige Standort mit ausschlaggebend für den Erfolg. Neben der Ausbildung zum Ernährungsberater wäre in diesem Fall auch eine kaufmännische Ausbildung sehr sinnvoll. Empfehlenswert ist es, eine Nische zu bedienen, also z. B. einen Shop für biologisches Hundefutter oder für BARFer anzubieten.

Darüber hinaus könntest du weitere Dienstleistungen anbieten, wie Ernährungsberatung, Kochen für den Hund, Weihnachtsbäckerei für den Hund usw. Auch ein Heimlieferservice für Futtermittel kann sich lohnen.

Hundekeksbäckerei

Eine weitere Alternative ist eine Hundekeksbäckerei. Vorkenntnisse aus dem Bäckerhandwerk sind von Vorteil. Strebst du vor allem Bio-Produkte an, so musst du auf eine Zertifizierung achten. Auch ist es nicht möglich, die Kekse in heimischer Küche herzustellen und dann zu verkaufen. Informiere dich vorab über die zahlreichen Auflagen, die es zu erfüllen gilt.

Voraussetzungen und Ausbildung

Voraussetzung ist, dass du dich gern mit Ernährungsfragen beschäftigst und auch keine Scheu vor ein bisschen Biochemie hast. Als Hundeernährungsberater brauchst du Überzeugungs- und Durchsetzungskraft, das gilt besonders gegenüber Haltern von adipösen (fettleibigen) Hunden. Nicht nur die Menschen, auch die Hunde werden in westlichen Ländern immer dicker, mit all den Gesundheitsproblemen, die Übergewicht nach sich zieht.

Es gibt in Deutschland keine einheitliche Ausbildung zum Hundeernährungsberater. Dieser Beruf ist weder geschützt noch staatlich anerkannt. Von unterschiedlichen Anbietern werden verschiedene Ausbildungen von Fernlehrgang über Präsenzschulung angeboten. Nicht nur die Ausbildungsdauer variiert sehr stark von fünf Tagen bis zu sieben Monaten (mit bis zu vierhundert Unterrichtsstunden), sondern sie unterscheidet sich auch gravierend, was den Ausbildungsinhalt betrifft. Mitunter wird über die Ausbildung hinaus eine Betreuungszeit von bis zu einem Jahr angeboten. Die Kosten für eine Ausbildung liegen zwischen 500,00 € und 1.200,00 €. Voraussetzung für den Lehrgang ist bei vielen Anbietern ein Mindestalter von 18 Jahren. Der Beruf steht jedem offen.

Du kannst dich als Hundeernährungsberater selbstständig machen oder evtl. auch in einer Tierarztpraxis arbeiten.

Verdienst

Das mögliche Monatseinkommen eines Hundeernährungsberaters wird bei einer wöchentlichen Arbeitszeit von zwanzig Stunden mit ca. 1.200,00 € angegeben.

Die nächsten Schritte

Vor Ausbildungsbeginn ist eine gute Recherche und das Sammeln aller Informationen zu empfehlen. Um zu allen ernährungsrelevanten Themen erfolgreich beratend tätig sein zu können, benötigst du eine fundierte Ausbildung. Du kannst ein Fernstudium oder ein Online-Studium absolvieren oder auch Präsenzseminare buchen.

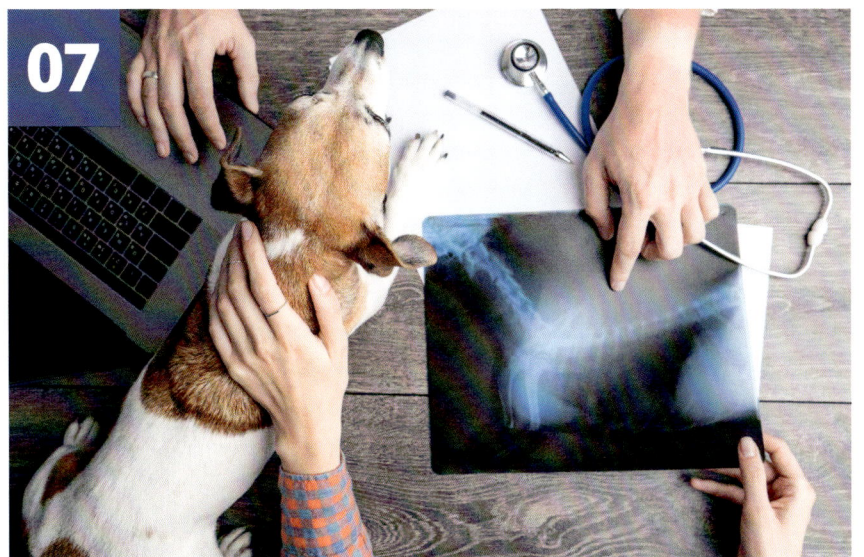

GESUNDHEITSBERATER/-TRAINER FÜR HUNDE

Berufsbild

Der Hunde-Gesundheitsberater klärt Hundehalter über die natürlichen Bedürfnisse ihres Hundes auf, angefangen bei gesunder Ernährung und optimaler Haltung bis hin zur physischen und mentalen Auslastung und Förderung.

Der Gesundheitstrainer wird auch selbst tätig und bietet z. B. gesundheitsorientiertes Bewegungstraining für Hunde an. Ziel ist es, das Wohlbefinden des Hundes zu erhöhen sowie Krankheiten und dem Alterungsprozess vorzubeugen („Anti-Aging").

Eine Beratung kann in den Bereichen Ernährung, Haltung, Pflege und Bewegung des Hundes erfolgen. Der Gesundheitsberater/-trainer erstellt Beschäftigungs- und Bewegungspläne, die auf den jeweiligen Hund individuell abgestimmt sind. Er berät, welche Hundesportart für den jeweiligen Hund gut geeignet wäre und wendet sich dabei an Halter sehr junger und alter Hunde. Dabei ist die Analyse des Umfeldes und des Tagesablaufs von großer Bedeutung.

Darüber hinaus kommt die Durchführung von Gesundheits-Seminaren für Hundehalter, Hundevereine und Züchter in Betracht. Ein Gesundheitsberater sollte auch eine Ausbildung zum Ernährungsberater besitzen, da die (richtige) Ernährung eine überaus wichtige Rolle für die Gesundheit eines Lebewesens spielt.

Voraussetzungen und Ausbildung

Die Ausbildung zum Hunde-Gesundheitstrainer wird bisher nur an einer einzigen privaten Tierakademie angeboten. Sicher werden in nächster Zeit weitere Ausbildungsinstitute folgen.

Die Ausbildung dauert etwas über zwei Jahre und kostet um die 3.200,00 €.

Verdienst

Zurzeit können leider noch keine Angaben gemacht werden.

Die nächsten Schritte

Falls du dich für diese Ausbildung interessierst, überlege, ob die Zeit schon reif für diesen Beruf ist. In den Großstädten mag dafür heute schon Bedarf bestehen. Vor allem eignet sich der Beruf derzeit jedoch als Weiterbildung für Tierheilpraktiker und Hundetrainer.

08

FACHKRAFT FÜR HUNDEGESTÜTZTE THERAPIE

Berufsbild

Die positive Wirkung von Tieren, insbesondere auch Hunden, auf Menschen, ist zunehmend auch wissenschaftlich belegt. „Tiergestützte Interventionen" ist der Oberbegriff für alle Angebote, in denen geeignete Tiere eingesetzt werden, um diese positiven Wirkungen gezielt zur Förderung physischer, sozialer, emotionaler und kognitiver Fähigkeiten und/oder auch zur Erhöhung von Freude und Lebensqualität zu nutzen. Hunde wirken dabei als Türöffner, Bindeglied und Motivator.

Tiergestützte Intervention (TGI)

Eine tiergestützte Intervention ist eine zielgerichtete und strukturierte Intervention, die bewusst Tiere in Gesundheitsfürsorge, Pädagogik und Sozialarbeit einbezieht und integriert, um therapeutische Verbesserungen bei Menschen zu erreichen.

Tiergestützte Interventionen beziehen Teams von Mensch und Tier in formale Ansätze, wie Tiergestützte Therapie (TGT), Tiergestützte Pädagogik (TGP) und unter bestimmten Voraussetzungen auch Tiergestützte Aktivitäten (TGA) ein.

Tiergestützte Therapie (TGT)

Tiergestützte Therapie ist eine zielgerichtete, geplante und strukturierte therapeutische Intervention, die von professionell im Gesundheitswesen, der Pädagogik oder der Sozialarbeit ausgebildeten Personen angeleitet oder durchgeführt wird. Fortschritte im Rahmen der Intervention werden gemessen und professionell dokumentiert. TGT wird von beruflich (durch Lizenz, Hochschulabschluss oder Äquivalent) qualifizierten Personen im Rahmen ihrer Praxis innerhalb ihres Fachgebiets durchgeführt und/oder angeleitet. TGT strebt die Verbesserung physischer, kognitiver verhaltensbezogener und/oder sozioemotionaler Funktionen bei individuellen Klienten an.

Tiergestützte Pädagogik (oder Tiergestützte Erziehung)

Tiergestützte Pädagogik (TGP) ist eine zielgerichtete, geplante und strukturierte Intervention, die von professionellen (Sonder-)Pädagogen oder gleich qualifizierten Personen angeleitet oder durchgeführt wird. Lehrpersonen, die TGP durchführen, müssen Wissen über die beteiligten Tiere besitzen. Ein Beispiel für tiergestützte Pädagogik durch einen Schulpädagogen sind Tierbesuche, die zu verantwortungsvoller Tierhaltung erziehen sollen. Im Fokus der Aktivitäten stehen akademische Ziele, wie die Förderung pro-sozialer Fertigkeiten und kognitiver Funktionen. Fortschritte der Schüler werden gemessen und dokumentiert. Ein Beispiel für TGP, die von einem Sonderpädagogen durchgeführt werden kann, wäre ein hundegestütztes Lesetraining.

Tiergestützte Aktivitäten (TGA)

TGA sind geplante und zielorientierte informelle Interaktionen/Besuche, die von Mensch-Tier-Teams mit motivationalen, erzieherischen/bildenden oder entspannungs- und erholungsfördernden Zielsetzungen durchgeführt werden. Die Mensch-Tier-Teams müssen mindestens ein einführendes Training, eine Vorbereitung und eine Beurteilung durchlaufen, um im Rahmen von informellen Besuchen aktiv werden zu können. Mensch-Tier-Teams, die

TGA anbieten, können auch formal und direkt mit einem professionell qualifizierten Anbieter von gesundheitsfördernden, pädagogischen oder sozialen
Leistungen hinsichtlich spezifischer und dokumentierter Zielsetzungen zusammenarbeiten. In diesem Fall arbeiten sie im Rahmen einer TGT oder TGP,
die von einer professionellen, einschlägig ausgebildeten Fachkraft in ihrem
jeweiligen Fachgebiet durchgeführt wird. TGA umfassen z. B. tiergestützte
Hilfe bei Krisen, die darauf abzielt, Menschen nach einer Traumatisierung,
einer Krise oder Katastrophe, Trost und Unterstützung zu geben oder auch
Tierbesuchsdienste für Bewohner von Pflegeheimen. (Quelle: BTI Bundesverband Tiergestützte Intervention e.V.)

(Quelle: BDI Bundesverband Tiergestützte Intervention e.V.)

Voraussetzungen und Ausbildung

Voraussetzung ist, dass du eine soziale Ader hast und/oder aus einem sozialen oder therapeutischen Beruf kommst. Dazu solltest du einfühlsam, warm-
herzig und geduldig sein.

Zugangsvoraussetzungen für die Ausbildung sind in der Regel Abitur oder
Realschulabschluss sowie eine abgeschlossene Berufsausbildung (Altenpfle-
ger, Krankenpfleger, Erzieher, Physiotherapeuten, Ergotherapeuten, Logopä-
den, Motopäden) mit mindestens drei Jahren Berufserfahrung.

Ebenso infrage kommen auch Pädagogen, Sozialarbeiter, Pflegewissen-
schaftler, Gesundheitsmanager, Psychologen und Ärzte.

Für Menschen mit Hund, aber ohne eine medizinische, pädagogische oder
kurative Vorbildung steht die Ausbildung als Besuchshundeteam zur Auswahl.

Zusammengefasst kann man sagen: Je nach Vorbildung, kannst du deinen
Hund entweder zum Therapiebegleithund oder zum Besuchshund ausbilden.
Bist du selbst Therapeut, so wird dein Hund ein Therapiebegleithund. Hast
du keinen therapeutischen Hintergrund, steht euch zum Beispiel die Ausbildung zum Besuchshundeteam offen.

Da die Ausbildung oft mit dem eigenen Hund durchgeführt wird, muss auch der Hund geeignet sein. Daher findet häufig vor Beginn der Ausbildung ein Eignungstest statt. Manche Menschen planen, sich erst nach der Ausbildung einen geeigneten Hund anzuschaffen. Auch darauf wird in vielen Ausbildungsinstituten Rücksicht genommen.

Die Aus- bzw. Weiterbildung dauert im Schnitt ein Jahr und kostet durchschnittlich zwischen 3.500,00 € und 5.000,00 €. Eine Ratenzahlung ist eigentlich immer möglich.

Verdienst

Die Höhe des Einkommens richtet sich maßgeblich nach dem Hauptberuf.

Die nächsten Schritte

Du kannst dich bei den verschiedenen Verbänden weiter informieren:

- *www.tiergestuetzte.org*
- *www.esaat.org*
- *www.istt-nrw.de*
- *www.tbdev.de/de/der-tbd*

Es gibt auch Institute, die unabhängig von den Verbänden arbeiten und dennoch qualitativ sehr gute Ausbildungen bieten. Hier ist wieder ein wenig Recherchearbeit gefragt. Auf jeden Fall solltest du neben der umfangreichen Theorievermittlung auf ausreichende Praxisseminare achten. Schau auch hier bei Interesse gerne bei uns vorbei: *www.ziemer-falke.de.*

09

HUNDEZÜCHTER

Berufsbild

Ein Hundezüchter führt kontrollierte Paarungen von Rassehunden durch. Dabei hat er ein bestimmtes Zuchtziel (z. B. Körperbau, Leistung, Gesundheit, Verhaltensweisen) vor Augen. Durch sorgfältig geplante Verpaarungen erwartet er, dass die gewünschten Eigenschaften und Merkmale sich auf die Nachkommen vererben.

Zudem sorgt er für die artgerechte Haltung und Aufzucht der Tiere und hält dabei die gesetzlichen Rahmenbedingungen ein. Er verfügt über das notwendige Fachwissen, kennt sich extrem gut mit der gewählten Hunderasse aus und hat bestenfalls Fortbildungen im Bereich Genetik, Anatomie, Aufzucht und Pflege der Hunde besucht. Er versorgt kenntnisreich die Muttertiere und assistiert bei der Geburt der Welpen.

In der Regel ist ein Züchter einem Zuchtverband/-verein angeschlossen. Diese Verbände überwachen die Hundezucht und geben wertvolle Hinweise.

Sie unterstützen die Züchter bei der Vermittlung der Zuchttiere an potenzielle Käufer, bieten rassespezifische Fortbildungen und Zertifizierungen an und organisieren Ausstellungen, auf denen Züchter ihre Zuchttiere präsentieren können. Sie bilden ein wichtiges Netzwerk für den Hundezüchter und vermitteln den Kontakt zu anderen Hundezüchtern der entsprechenden Hunderasse.

Neben dem fachkundigen Umgang mit seinen Hunden, gehören auch kaufmännische Belange zum Alltag des Hundezüchters. Er erstellt Kaufverträge und Abstammungsnachweise und kalkuliert die Kosten für seine Hundezucht.

Voraussetzungen und Ausbildung

In Deutschland gibt es derzeit keine rechtlich geregelte Ausbildung für diesen Beruf. Hundezüchter kann somit grundsätzlich jeder werden, was dazu führt, dass sich viele schwarze Schafe in dieser Szene tummeln.

Falls du Züchter werden möchtest, werden zahlreiche Fortbildungen u. a. bei den Zuchtverbänden angeboten. Auch solltest du dich mit Fachlektüre weiterbilden.

In der Regel fokussiert sich ein Züchter auf eine einzige Hunderasse. Hier erwirbt er umfassende Kenntnisse der typischen Rassemerkmale, der Entwicklungsgeschichte und möglicher Erbkrankheiten.

Auch sind grundlegende Kenntnisse über Anatomie und Physiologie, artgerechte Hundehaltung, Ernährung und Pflege, Entwicklungsphasen des Hundes und Hundegesundheit von großer Bedeutung.

Die Tätigkeit als Hundezüchter unterliegt grundsätzlich keiner Beschränkung. Rechtlich ist aber zu berücksichtigen, dass Hundezüchter, die gewerbsmäßig Hunde züchten oder mit Hunden handeln, die Erlaubnis des zuständigen Veterinäramtes benötigen. Dies ist im § 11 Abs. 1 Nr. 8a des Tierschutzgesetzes (TierSchG) festgelegt.

Ausschlaggebend dafür, ob eine gewerbsmäßige bzw. gewerbliche Hunde-zucht vorliegt, ist immer die Anzahl der unkastrierten Hündinnen. Das Alter der Hündinnen oder wie oft die Hündin belegt wird, spielt vor dem Gesetz keine Rolle.

Verdienst

Der Verdienst berechnet sich ausgehend vom erzielten Preis für einen ver-kauften Welpen. Davon abzuziehen sind alle bis dahin aufgelaufenen Ausga-ben wie z. B. für die Deckung der Hündin, regelmäßige Gesundheitsüberprü-fungen und Impfungen, Futter, Welpenaufzucht, Tierarztkosten, Kosten für den Zuchtwart und die Eintragung ins Zuchtbuch, gewerbliche Aufwände etc. Bei diesem Beruf steht die Berufung im Vordergrund. Möchtest du mit einer Hundezucht jedoch reich werden, wird dir jeder Züchter bestätigen, dass dies allein durch das Züchten von Hunden nicht möglich ist.

Die nächsten Schritte

Falls du überlegst, Züchter zu werden, nimm zunächst Kontakt zu anderen Züchtern der gewählten Rasse und zu einem Zuchtverband auf. Dort kann man dich weiter beraten. Lies auch alles, was es zu lesen gibt, über diese Hunderasse. Überlege zudem, ob du ausreichend Welpenkäufer finden wirst, die dieser speziellen Rasse gerecht werden können.

Denke auch darüber nach, was du tun wirst, wenn du nicht alle Welpen ver-kaufen kannst. Können sie dann bei dir bleiben? Manchmal kommen auch Welpen oder erwachsene Hunde aus der Nachzucht zurück, weil ihre Halter sie nicht behalten können. Hast du ausreichend Platz, sie aufzunehmen? Ein guter Züchter, der diesen Namen verdient, bleibt ein ganzes Hundeleben lang für seine Nachzuchten verantwortlich.

HUNDEHEBAMME

Berufsbild

Eine Hundehebamme unterstützt Hunde bei einer natürlichen Geburt. Falls während einer Geburt Komplikationen auftreten und Gefahr für das Muttertier oder die Welpen besteht, empfiehlt sie, rechtzeitig einen Tierarzt oder eine Tierklinik aufzusuchen.

Nach der Geburt kümmert sie sich um die Welpen und die Mutterhündin. Sie kontrolliert die Nabel und das Gewicht der Welpen, achtet darauf, ob die Hündin ausreichend Milch hat und sorgt dafür, dass das Gesäuge nicht zu sehr unter dem Andrang der Kleinen leidet.

Oftmals wird eine Hundehebamme bereits vor der Geburt tätig. So kann sie zum Beispiel bereits beim Paarungsakt unerfahrenen Züchtern mit Rat und Tat zur Seite stehen. Darüber hinaus gibt sie Tipps für den richtigen Umgang mit der werdenden Hundemutter.

Im Idealfall kennt die Hündin die Hebamme, sodass sie bei der Geburt nicht durch die Anwesenheit eines fremden Menschen beunruhigt wird.

Voraussetzungen und Ausbildung

Der Beruf ist staatlich nicht anerkannt, eine geregelte Ausbildung gibt es nicht. Besonders geeignet sind langjährige, erfahrene Züchter und Tierheilpraktiker.

Für diesen Beruf musst du stressresistent sein, Geduld haben und auch in der Lage sein, die unter Umständen sehr nervösen Halter zu beruhigen. Auch darf es dir nichts ausmachen, nachts aus dem Bett geholt zu werden.

Verdienst

Der Verdienst richtet sich nach der Auftragslage. Er wird v. a. nebenberuflich eingenommen.

Die nächsten Schritte

Falls du dich für diesen Beruf interessierst, solltest du mit einer Hundehebamme Kontakt aufnehmen. Vielleicht kannst du bei ihr ein Praktikum absolvieren, sodass du einen guten Einblick in diese schöne Aufgabe bekommst.

11

HUNDEFRISEUR (PET GROOMER)

Berufsbild

Ein Hundefriseur ist mit vielen Aufgaben rund um die Pflege und das Styling von Hunden aller Rassen und Größen beschäftigt. Er badet, trimmt, schert und stutzt, schneidet, bürstet, kämmt, stylt und föhnt. Seine Werkzeuge ähneln denen eines Friseurs für Menschen.

Manche Hunderassen müssen regelmäßig getrimmt werden, andere Hunde bedürfen besonderer Pflege, da sie regelmäßig auf Ausstellungen gehen. Und wieder andere Hunde werden im Sommer geschoren, weil ihr Fell für das deutsche Klima vielleicht zu dick ist. Hier kommt ein Hundefriseur zum Einsatz.

Gerade für Ausstellungshunde muss der Friseur wissen, welches Erscheinungsbild von den Richtern gewünscht wird. Auch Filmhunde erhalten vor einem Dreh oftmals ein bestimmtes Styling.

Der Hundefriseur berät zudem Hundehalter, wenn das Fell ihrer Hunde Probleme macht, oder gibt Pflegetipps. Manche Hundefriseure bieten auch Zahnreinigungen an.

Da mangelnde Fellpflege unter Umständen auch zu gesundheitlichen Problemen führen kann, kontrolliert der Groomer routinemäßig auch Augen, Ohren, Gebiss, Pfoten und Krallen der Tiere auf Auffälligkeiten.

Tierheime, Tierarztpraxen oder Tierpensionen nehmen die Leistungen eines Hundefriseurs ebenso in Anspruch. Manchmal kommen gerade Hunde aus dem Auslandstierschutz vollkommen verfilzt und gelegentlich auch verfloht in Deutschland an. Hier kann ein Hundefriseur Abhilfe schaffen.

Voraussetzungen und Ausbildung

Die Ausbildung zum Hundefriseur ist eine rein private Ausbildung, da sie staatlich nicht anerkannt ist. Die nötigen Fachkenntnisse erwirbt man durch Fachlektüre, bei einem Züchter und in privaten wie gewerblichen Ausbildungsstätten.

Du solltest körperlich belastbar sein, denn die Arbeit kann anstrengend sein. Handwerkliches Geschick ist ebenfalls notwendig. Zudem solltest du einfühlsam sein, aber dich auch gegen den Hund durchsetzen können. Außerdem musst du damit rechnen, auch mal gebissen zu werden, denn nicht jeder Hund mag es, über eine längere Zeit fixiert zu werden. Wie bei uns Menschen kann die Arbeit eines Friseurs auch mal ziepen und Hunde können ihren Unmut darüber im Gegensatz zu uns nicht verbal äußern. Suche dir also am besten eine Ausbildungsstätte, bei der du auch viel über das Ausdrucks- und Kommunikationsverhalten von Hunden lernst.

Zudem solltest du dich auf Kundenwünsche einstellen können. Dabei ist manchmal Fingerspitzengefühl angesagt. Das gilt auch, wenn du Hunde gebracht bekommst, deren Pflegezustand sehr zu wünschen übrig lässt

Falls du bereits eine Ausbildung im Bereich Tierhaltung oder als Friseur hast, ist das natürlich von Vorteil.

Während einer Ausbildung zum Hundefriseur erwirbst du Fachkenntnisse in Trimm- und Scherkunde, Gesundheitslehre, Anatomie, Rassekunde, Pflegemittel- sowie Maschinen- & Gerätekunde.

Einige Ausbilder bieten auch Schnupperseminare an, um sich ein Bild von der zukünftigen Arbeit und der Ausbildung zu machen, bevor man einen Ausbildungsvertrag abschließt.

Die Basiskosten für eine Ausbildung dieser Art liegen bei ca. 2.000,00 € bis zu 5.000,00 €. Die Ausbildungsdauer ist entsprechend der Angebote sehr unterschiedlich und umfasst Wochenendkurse ebenso wie Kompaktausbildungen von bis zu acht Monaten. Spezialisierungen und Fortbildungen erweitern die fachlichen Qualifikationen. Achte darauf, dass du bei abgeschlossener Ausbildung einen Nachweis in Form eines Diploms oder Zertifikats erhältst.

Um zum Beispiel an internationalen Schermeisterschaften teilnehmen zu können, die vom American-Kennel-Club entwickelt wurden, benötigt man eine Ausbildung nach dem „Nash-Standard". Hiermit erhält man eine Qualifikation, mit der man seine Tätigkeit sowohl europaweit als auch in den USA ausüben kann.

Ausgebildete Hundefriseure können sich dem Berufsverband der Groomer e.V. oder dem Bundesverband der Groomer e.V. anschließen.

Nach der Ausbildung kannst du selbstständig in einem eigenen Salon tätig sein, aber auch eine Arbeit in einem Anstellungsverhältnis annehmen. Auch eine Tätigkeit als mobiler Hundefriseur ist denkbar.

Verdienst

Als Hundefriseur kann man einen Stundenlohn von 35,00 €, bei entsprechender Qualifikation zum Profi-Groomer sogar bis zu 80,00 € verlangen. Im Durchschnitt werden täglich drei bis acht Kundenhunde verschönert.

Die Zukunftsaussichten sind sehr gut. In vielen Städten sind Hundefriseure oft wochen- oder gar monatelang im Voraus ausgebucht.

Die Anfangsinvestitionen für einen eigenen Hundesalon liegen bei ca. 15.000,00 €. Die Grundausstattung beinhaltet einen gekachelten Raum, einen Wasseranschluss für Bademöglichkeiten für kleine und große Hunde, einen Trimmtisch und die Geräte, das eigentliche Handwerkszeug. Hinzu kommen die Kosten für Miete, Werbung und Versicherung. Ein entsprechendes Versicherungspaket bietet z. B. der Bundesverband der Groomer an.

Die nächsten Schritte

Das klingt für dich interessant? Dann informiere dich ausführlich beim Berufs- oder beim Bundesverband der Groomer e.V. und beim Zentralverband Zoologischer Fachbetriebe Deutschlands e.V. Auch ein Praktikum bei einem Hundefriseur kann dir zeigen, ob dieser Beruf das Richtige für dich wäre.

12

TRAINER „FIT MIT HUND®"

Berufsbild

Viele Hundehalter möchten gemeinsam mit ihrem Hund Fitnesstraining absolvieren. Die Nachfrage nach Trainingsmöglichkeiten und „Gesundheitsspaziergängen" steigt stetig. Daher ist das Training „Fit mit Hund®" besonders für Hundetrainer, Gesundheitstrainer, Fitnesstrainer und Therapeuten eine Möglichkeit, um zusätzliche Kunden zu gewinnen, zu fördern und vor allem auch langfristig zu halten. Besonders Fitness-Einsteiger sind dabei eine sehr große Zielgruppe.

Hundehalter haben heute ein wachsendes Bewusstsein dafür, wie wichtig es ist, den Hund körperlich und geistig auszulasten. Sie wissen auch, wie wichtig Bewegung für ihre eigene Gesundheit ist. Gleichzeitig wird heutzutage das Zeitmanagement komplexer und die Gelegenheiten, auch mal etwas für sich oder den Hund zu tun, immer knapper. Das gemeinsame Fitnesstraining von Hund und Halter ist daher wertvoller denn je.

Fitnesseinsteiger und Walkingliebhaber werden z. B. beim „Gassifitness" begleitet, wobei Spaziergänge mit leichten Walking- und Fitnessübungen kombiniert werden.

Der „Fitnesstrainer für Hund und Halter" begleitet Menschen, die auf Fitnesstraining Wert legen. Das können Einsteiger aber auch Fitnessprofis sein. Der Kunde kann sowohl einen Familienhund als auch einen Dienst- oder Arbeitshund halten.

Das steigernd aufgebaute Programm hält anspruchsvolle Übungen für Anfänger und Fortgeschrittene bereit und ist für Hunde aller Größen und Rassen geeignet. Es besteht aus einer Vielzahl an Kursen mit unterschiedlichen Inhalten. Und genau diese Zusammenstellung ermöglicht es dem „Fitnesstrainer für Hund und Halter", Kunden dort abzuholen, wo sie leistungstechnisch stehen, um sie langfristig zu betreuen und erfolgreich zu trainieren.

Als Trainer „Fit mit Hund®"/„Fitnesstrainer für Hund und Halter" kannst du als Personal Trainer arbeiten und persönlich zugeschnittene Einzeltrainings für Hund und Halter geben. Darüber hinaus ist auch die Durchführung von Gruppentrainings mit sozialverträglichen Hunden und ihren Haltern möglich.

Voraussetzungen und Ausbildung

Natürlich solltest du selbst fit sein und pädagogisches Geschick besitzen. Auch solltest du Spaß an der Arbeit mit Mensch und Hund haben. Ideal ist es, wenn du bereits Hundetrainer oder Hundephysiotherapeut bist oder auch eine Ausbildung zum Fitnesstrainer hast. Aber natürlich kannst du auch ganz von Anfang an starten.

„Fit mit Hund®" bietet eine Ausbildung zwischen ca. 700,00 € und ca. 1.600,00 € an. Je nach Vorkenntnissen kannst du dir aber auch eine Ausbildung selbst zusammenstellen. Sie sollte jedoch auf jeden Fall Aspekte wie Anatomie, Physiologie und Pathologie des Bewegungsapparates von Mensch und Hund, Bewegungslehre, Kraft-, Ausdauer- und Koordinationstraining, Erste Hilfe u. v. m. enthalten.

Nach der Ausbildung kannst du selbstständig tätig werden oder auch angestellt arbeiten z. B. in einem Kurbetrieb, einem Ferienort oder einer Gesundheitseinrichtung. Oftmals ist eine Zusammenarbeit mit Orthopäden, Hausärzten, Physiotherapeuten, Tierphysiotherapeuten und Tierärzten möglich.

Verdienst

Der Verdienst hängt ab vom Standort und vom Klientel. Ein Personal Trainer verdient in der Regel ab 40,00 € die Stunde. Das Monatsgehalt eines angestellten Fitnesstrainers liegt zwischen 1.500,00 € und 2.500,00 €. Durch die Zusatzqualifikation „Hund" ist je nach Arbeitgeber manchmal auch deutlich mehr drin.

Die nächsten Schritte

Bei Interesse an dieser Ausbildung, schau dir einmal die Webseite von *www.fit-mit-hund.com/de* an und recherchiere auch andere, vergleichbare Möglichkeiten der Ausbildung.

13

HUNDEBESTATTER

Berufsbild

Immer mehr Menschen möchten ihren treuen vierbeinigen Begleiter und bes-ten Freund nach dessen Tod auf einem Friedhof begraben oder einäschern lassen. „Der Trend, das verstorbene Tier nicht auf dem eigenen Grundstück zu beerdigen, sondern einzuäschern oder auf einem Tierfriedhof bestatten zu lassen, nimmt extrem zu", bestätigt Gabriele Metz, die Pressesprecherin des Bundesverbands der Tierbestatter (BVT).

Qualität, Standard und Vorgehensweise der Tierbestatter unterscheiden sich mittlerweile nicht mehr sonderlich von den Kollegen der Humanbestattun-gen. Es gelten dieselben ethischen und hygienischen Grundsätze. Entspre-chend müssen sich Tierbestatter mit den Hygienerichtlinien auskennen. Ver-stöße werden ebenso geahndet wie in der Humanbestattung.

Tierbestatter haben die Aufgabe, das verstorbene Tier vom Halter oder Tierarzt abzuholen und fachgerecht zu transportieren. Bei der Überführung dürfen weder Geruch noch Flüssigkeiten nach außen dringen. Zudem darf das Tier während des Transports nicht sichtbar sein.

Anschließend kommt, je nach Halterwunsch, die Feuerbestattung mit anschließender Verwahrung der Asche in einer Urne oder die Beerdigung in einem passenden Sarg zur Anwendung. Wenn der Tierfriedhof an das Tierbestattungsinstitut angeschlossen ist, übernehmen die Tierbestatter oft auch die Friedhofs- und Grabpflege.

Voraussetzungen und Ausbildung

Tierbestatter sollten sich einerseits mit den nötigen Richtlinien auskennen, darüber hinaus aber auch einfühlsam und geduldig mit ihren Kunden umgehen können. Du solltest aus eigener Erfahrung wissen, wie sich ein Mensch fühlt, der gerade ein tierisches Familienmitglied verloren hat. Die psychologische Betreuung der Kunden gehört ein Stück weit dazu. Zudem solltest du gern beraten.

Auch solltest du stressresistent sein. Viele Tierbestatter sind rund um die Uhr erreichbar. Außerdem müssen auch Tierbestatter aufpassen, dass sie sich emotional von ihrer Arbeit abgrenzen können und die Trauer ihrer Kunden nach der Arbeit nicht mit ins Privatleben nehmen.

Um die Tiere bei den Hundehaltern oder beim Tierarzt abzuholen, ist oftmals körperliche Kraft gefragt. Ein großer Hund kann schon 50 kg und mehr wiegen und nicht immer hat man Hilfe.

Der Beruf des Tierbestatters ist nicht staatlich anerkannt, daher gibt es auch keine staatlich geregelte Ausbildung. Eine einheitliche Zugangsregelung existiert ebenfalls nicht. Für die Ausübung ist allerdings eine Genehmigung des zuständigen Amtstierarztes für die Lagerung und den Transport der verstorbenen Tiere nötig.

In der Regel bilden die Bestattungsunternehmen selbst aus. Du kannst dich aber auch autodidaktisch weiterbilden.

Verdienst

Ein Grab für einen mittelgroßen Hund kostet etwa 125,00 €, die Pflegekosten für das Grab betragen jährlich etwa 75,00 €. Die Kosten für die Kremation eines kleinen Hundes betragen 200,00 € bis 300,00 €. Die Kosten für eine Urne variieren stark und liegen, je nach Wunsch und Anspruch des Besitzers, zwischen 80,00 € und 1.000,00 €.

Das Gehalt eines Hundebestatters variiert je nach Arbeitgeber. Bei einer selbstständigen Tätigkeit ist die Auftragslage entscheidend.

Die nächsten Schritte

Informationen und Seminare gibt es beim Bundesverband der Tierbestatter e. V. Möchtest du dich selbstständig machen, erfrage beim Kreisveterinäramt die Auflagen.

14

HUNDETRAINER

Berufsbild

Heute gehört der Besuch einer Hundeschule für viele Hundehalter, insbesondere für Neuhundehalter, zum Standard. Auch Menschen, die Probleme mit ihrem Hund haben, suchen sich Hilfe bei einem Hundetrainer. Hinzu kommt, dass sich die gesetzlichen Regelungen in Bezug auf eine artgerechte Hundehaltung weiterentwickeln. So gilt seit 2013 in Niedersachsen als erstem Bundesland eine Hundeführerschein-Pflicht für Ersthundehalter.

Der Hundetrainer arbeitet mit Hunden und noch mehr mit deren Menschen. Er leistet Erziehungsarbeit vom Welpen bis zum erwachsenen Hund. Dazu werden in der Regel Gruppenkurse angeboten.

Bei Verhaltensproblemen oder wenn bestimmte unerwünschte Verhaltensweisen bearbeitet werden sollen, bietet der Hundetrainer gezielte Einzeltrainings an.

Einige Hunderassen, das betrifft besonders die klassischen Arbeitshunde, sind als Familienhunde oftmals völlig unausgelastet und können als Folge dessen Verhaltensprobleme entwickeln. Ihnen und ihren Haltern bietet der Hundetrainer sinnvolle alternative Auslastungsprogramme wie Nasenarbeit, Mantrailing u. a. an.

Andere Hundehalter möchten einfach Zeit mit ihrem Hund verbringen, den Hund auslasten und dabei zusammen viel Spaß haben. Gerade nach Hundesportarten wie Agility, Longieren, Treibball, Flyball, Dog Dancing usw. besteht eine große Kundennachfrage. Auch Events wie Erlebnisspaziergänge oder Krimitouren können von Hundetrainern durchgeführt werden und sind bei Hundehaltern sehr beliebt.

Es versteht sich von selbst, dass nur noch moderne, gewaltfreie Trainingsmethoden zum Einsatz kommen. Zwar haben sich alte, oft sehr restriktive Methoden bis heute bei einigen Trainern gehalten, sie sind zum Glück jedoch (hoffentlich) im Aussterben begriffen.

Zu den Aufgaben eines Hundetrainers gehören vor allem:

- Verhaltensanalyse und -diagnose
- Verhaltensberatung
- Einzeltraining
- Gruppentraining
- Verbesserung Mensch-Hund-Team
- Ausarbeitung von Trainingsplänen
- Unternehmensführung
- Marketing
- Unternehmensführung
- ggf. Mitarbeiterführung

Voraussetzungen und Ausbildung

Für diesen Beruf benötigst du viel Erfahrung im Umgang mit Hunden. Dazu musst du über gute kommunikative Fähigkeiten verfügen und zudem auch psychologische Grundkenntnisse besitzen – und zwar für Mensch und Hund. Eine hohe soziale Kompetenz und pädagogisches Geschick sind auf jeden

Fall Voraussetzungen, wenn diese Bereiche nicht in der Ausbildung enthalten sind. Zudem solltest du Ruhe ausstrahlen und Mensch und Hund motivieren und begeistern können.

Oftmals ist das „Problem" am anderen Ende der Leine, daher solltest du nicht nur gern mit Hunden arbeiten, sondern auch mit Menschen. Dafür benötigst du Einfühlungsvermögen und nicht selten eine große Portion Geduld.

Des Weiteren sollte es dir nichts ausmachen, vor allem nachmittags, abends und an den Wochenenden zu arbeiten und das bei Wind und Wetter.

Der Beruf des Hundetrainers ist in Deutschland nicht geschützt. Die einzige formale Voraussetzung, um sich Hundetrainer nennen zu dürfen, ist die Erbringung eines Sachkundenachweises nach § 11, 8f Tierschutzgesetz. Eine behördlich anerkannte Prüfung vor der Tierärztekammer ist zu empfehlen. Dein Veterinäramt bespricht bei Bedarf mit dir, welche Prüfung von Nöten ist, um als Hundetrainer arbeiten zu dürfen.

Allerdings kann nur ein gut ausgebildeter Hundetrainer Menschen und Hunde sachgerecht, tierschutzkonform und erfolgreich trainieren.

In der Ausbildung lernst du u. a. Verhaltensweisen und Kommunikationsformen der Hunde, aber auch Methodik und Didaktik kennen. Du lernst verhaltensbiologische (ethologische) Grundlagen, du erfährst etwas über die Anatomie und auch über typische Krankheitsbilder. Wissenschaftliche Erkenntnisse fließen in die heutigen, modernen Trainingsmethoden mit ein, vor allem lernbiologische Sachverhalte spielen dabei eine zentrale Rolle. Darüber hinaus wird auch die Kommunikation mit dem Menschen geschult. Du musst lernen, die Beziehung zwischen Hund und Halter richtig einschätzen zu können.

Die Ausbildung kann im Fernstudium mit Praxisteilen oder in Form von Präsenzunterricht absolviert werden. Die Kosten liegen etwa zwischen 3.500,00 € und 6.500,00 €.

Verdienst

Die Tätigkeit als Hundetrainer ist sowohl in Form eines Nebenerwerbs als auch hauptberuflich möglich. Mit eigener, gut laufender Hundeschule ist mit einem Umsatz zwischen 2.000,00 € und 4.000,00 € zu rechnen. Es kann aber auch deutlich weniger oder auch mehr sein. Der Standort macht auch hier viel aus.

Als angestellter Hundetrainer kommt es auf den Arbeitgeber an, wie viel du verdienst. In Hundeschulen wird oft weniger gezahlt als z. B. im öffentlichen Dienst.

Viele Hundetrainer bieten zusätzliche Serviceleistungen wie Gassiservice, Hundepension, Massagen usw. an, was den Verdienst deutlich erhöhen kann.

Die nächsten Schritte

Es gibt eine ausgesprochen hohe Zahl von Ausbildern. Du tust gut daran, in eine qualifizierte Ausbildung zu investieren. Auch die Möglichkeit, die Ausbildung mit einer anerkannten Prüfung abzuschließen, sollte vorhanden sein. Vergleiche also verschiedene Ausbildungsinstitute. Es wäre zudem sehr sinnvoll, vorab ein Praktikum in einer gut laufenden Hundeschule zu absolvieren.

Wenn du weitere Fragen zu dieser Ausbildung hast, kannst du uns selbstverständlich sehr gerne auf *www.ziemer-falke.de* kontaktieren. Wir helfen dir gerne weiter, denn die Ausbildung von guten Hundetrainern ist uns eine Herzensangelegenheit.

15

AUSBILDER FÜR ASSISTENZHUNDE

Berufsbild

Assistenzhunde sind speziell ausgebildete Hunde, die Aufgaben erlernen, um Menschen mit einer Schwerbehinderung im Alltag zu helfen. Assistenzhunde werden immer nur für einen einzigen Menschen ausgebildet. Sie müssen hohe Standards in der Öffentlichkeit einhalten, zum Beispiel dürfen sie, zumindest während ihrer Arbeitszeit, nicht schnüffeln und müssen andere Menschen und Hunde ignorieren. Assistenzhunde werden ca. ein halbes bis zwei Jahre lang ausgebildet, um diese Anforderungen zu erfüllen.

Man unterscheidet verschiedene Assistenzhunde. Am häufigsten werden eingesetzt:

- **Blindenführhunde:** Diese Hunde führen einen sehbehinderten Menschen mittels eines Führhundgeschirrs. Sie zeigen „ihrem Menschen" z. B. Treppenstufen, Hindernisse, Eingänge und Briefkästen an und führen ihn sicher durch den Straßenverkehr.

- **Assistenzhunde für LPF** (Lebenspraktische Fähigkeiten): Assistenzhunde für LPF helfen Menschen mit Mobilitätseinschränkungen, die auf einen Rollstuhl, Krücken oder Prothesen angewiesen sind. Sie unterstützen bei der Bewältigung alltäglicher Aufgaben, indem sie z. B. für „ihren Menschen" Gegenstände vom Boden aufheben, das Telefon holen, Türen öffnen und schließen und beim An- und Ausziehen helfen.
- **PTBS-Assistenzhunde:** Diese Assistenzhunde helfen Menschen mit einer komplexen posttraumatischen Belastungsstörung und/oder einer dissoziativen Störung. Sie wecken z. B. „ihren Menschen" bei Alpträumen auf und machen das Licht an, unterbrechen Flashbacks und Dissoziationen, führen bei Panikattacken an einen ruhigen Ort, durchsuchen Räume nach Einbrechern, gehen in dunklen Räumen voraus und beruhigen.
- **Diabetikerwarnhunde:** Diabetikerwarnhunde warnen einen Typ1 Diabetiker rechtzeitig vor drohender Unter- und Überzuckerung. Oftmals holen sie auch notwendige Medikamente und Hilfe.
- **Signalhunde:** Signalhunde zeigen stark schwerhörigen und gehörlosen Menschen Geräusche an (z. B. Telefon, Türklingel) und führen sie zu dem Geräusch.
- **Assistenzhunde für Menschen mit psychischen und psychiatrischen Erkrankungen:** Assistenzhunde für Menschen mit Schizophrenie, Essstörungen, schweren Depressionen, Bipolarer Störung und Borderline erlernen gezielte Aufgaben, um „ihrem Menschen" im Alltag zu helfen.
- **Epilepsiewarn- und -anzeigehunde:** Epilepsiewarnhunde warnen vor einem kurz bevorstehenden Anfall. Sie holen bei einem Anfall Hilfe und Medikamente und bleiben während und nach dem Anfall beim Epileptiker.
- **Autismushunde:** Autismushunde erlernen individuelle Aufgaben, um das Leben eines Kindes oder Erwachsenen mit Autismus zu erleichtern.
- **Asthmawarnhunde:** Asthmawarnhunde zeigen bevorstehende lebensbedrohliche Asthmaanfälle an.
- **Medizinische Warnhunde/Anzeigehunde:** Medizinische Warnhunde/Anzeigehunde sind in der Lage bei verschiedenen Erkrankungen wie Narkolepsie, Addison-Krise, Schlaganfallgefährdung und Herzerkrankungen, bedrohliche Situationen zu bemerken und im Notfall Hilfe zu holen.
- **Allergieanzeigehunde:** Allergieanzeigehunde helfen bei einer schwerwiegenden, lebensbedrohlichen Allergie, den Allergieauslöser rechtzeitig anzuzeigen.

Die Tätigkeit des Assistenzhundeausbilders umfasst die Auswahl (und ggf. auch die Zucht) geeigneter Welpen, die Betreuung der Patenfamilien, die Anleitung des (neuen) Halters, die Pflege und Versorgung der Hunde und die Ausbildung der Hunde auf die unterschiedlichsten Kommandos.

Der Hundeausbilder kann sich auf die Ausbildung bestimmter Assistenzhunde spezialisieren oder unterschiedliche Arten von Assistenzhunden ausbilden. Oftmals werden geeignete, bereits vorhandene Hunde für die gewünschten Aufgaben ausgebildet. Alternativ hilft der Ausbilder bei der Auswahl eines geeigneten Welpen oder auch erwachsenen Hundes, der ebenfalls in der Familie/im Haushalt der hilfsbedürftigen Person ausgebildet wird. In beiden Fällen spricht man von Selbstausbildung, da der Besitzer des Hundes unter Anleitung des Ausbilders das Training selber durchführt. Des Weiteren gibt es die Möglichkeit der Fremdausbildung, das bedeutet, dass der Ausbilder einen Hund bei sich zu Hause ausbildet, dann den ausgebildeten Hund an einen Interessenten verkauft und beide trainiert, damit sie ein Team werden. Häufig lebt so ein Hund/Welpe zunächst bereits ein Jahr in seiner zukünftigen Patenfamilie, bevor er zum Ausbilder kommt.

Die Kosten für einen solchen fremdausgebildeten Hund sind erheblich höher, als wenn der Hund direkt beim Patienten ausgebildet wird. Es gibt viele Menschen, die einen Assistenzhund benötigen und manche warten Jahre, bis sie einen bekommen. Das gilt insbesondere für fremdausgebildete Blindenführhunde. Die hohen Kosten für diese Hunde werden in Deutschland und der Schweiz im Allgemeinen von der Krankenkasse übernommen. In Österreich ist dies leider nicht so, daher ist es dort auch viel schwieriger, von der Führhundeausbildung zu leben.

Voraussetzungen und Ausbildung

Du benötigst eine hohe Sensibilität, großes Einfühlungsvermögen und Empathie, sehr viel Geduld und ausgesprochen viel Hintergrundwissen rund um den Hund und auch rund um die jeweilige Erkrankung.

Der Beruf ist ausgesprochen vielseitig, daher musst du sehr flexibel sein und dich gut auf neue Situationen und Herausforderungen einstellen können. Und du trägst eine hohe Verantwortung gegenüber Mensch und Hund, auch damit musst du umgehen können. Der Beruf ist nicht staatlich anerkannt. Die Ausbildung wird in der Regel als Weiterbildung für Hundetrainer angeboten bzw. es wird eine Hundetrainerausbildung vorgeschaltet. Aber auch Quereinsteiger sind oftmals willkommen. Daher variieren die Kosten für eine Ausbildung signifikant. Du musst mit Preisen zwischen 4.500,00 € und 10.000,00 € rechnen. Falls du schon Hundetrainer bist, kann es auch günstiger werden. Auch die Ausbildungslänge variiert und ist zwischen einem und zwei Jahren anzusetzen.

Blindenführhundeschulen bieten ebenfalls häufig Ausbildungsplätze an. Hier lernt man auch den bürokratischen Teil, wie die Verhandlungen mit Kostenträgern.

Assistenzhundetrainer, die nicht angestellt sind, müssen ein Gewerbe anmelden. Wer auf selbstständiger Basis in Fremdausbildung ausbilden möchte, benötigt die behördlichen Genehmigungen und muss eine Eignung nachweisen. Assistenzhundetrainer, die ausschließlich in Selbstausbildung ausbilden, benötigen nur eine Gewerbeanmeldung.

Verdienst

Der Bedarf an Assistenzhunden ist sehr hoch. Der Verdienst eines Hundeausbilders hängt davon ab, ob er vor allem die Hunde selbst ausbildet und dann weitergibt (Fremdausbildung) oder ob er einen geeigneten Hund beim Betroffenen zu Hause ausbildet (Selbstausbildung).

Durchschnittlich liegt der Verdienst bei 1.500,00 € bis 4.500,00 €.

Die nächsten Schritte

Es gibt verschiedene private Ausbildungsinstitute. Überlege, ob du dich auf bestimmte Assistenzhundeaufgaben spezialisieren oder eine Gesamtausbildung machen möchtest. Hast du besondere Interessen oder Vorkenntnisse? Schau dir unter diesen Voraussetzungen die verschiedenen Angebote an. Auf jeden Fall solltest du viel Wert auf Praxis legen. Auch ein Praktikum z. B. in einer Blindenführhundeschule bietet sich an.

HUNDEFÜHRER POLIZEI

Berufsbild

Der Diensthundeführer bei der Polizei erledigt seinen Job zusammen mit einem ihm zugeteilten Diensthund. Dieser Hund lebt nach Dienstende in der Familie des Diensthundeführers. Vor allem kommen Malinois, Deutsche Schäferhunde, Rottweiler, Riesenschnauzer, Holländische Herder oder auch geeignete Mischlingshunde zum Einsatz.

Diensthunde müssen über eine ausgeprägte Spielmotivation sowie besondere physische Eigenschaften verfügen. Unabdingbare Eigenschaften sind auch ein überdurchschnittlicher Geruchssinn, Gehorsam und Schutztrieb.

Die Dienstzeit eines Diensthundes bei der Polizei dauert in etwa bis zu dessen zehntem Lebensjahr. In der Regel lebt der berentete Diensthund danach weiter bei seinem Diensthundeführer, auch wenn er Eigentum der Behörde bleibt.

Alle Polizeihunde bekommen eine Grundausbildung als Schutzhund und werden dann weiter qualifiziert. Nach der speziellen Ausbildung können sie später in folgenden Bereichen eingesetzt werden:

- Schutzhund
- Sprengstoffspürhund
- Rauschgiftspürhund
- Geruchsspurenvergleichshund
- Leichenspürhund
- Personensuchhund (Mantrailing-Hund)
- Brandmittelspürhund sowie
- Geldmittelspürhund

So unterschiedlich wie die Aufgaben des Hundes, sind auch die Aufgaben seines Hundeführers. Regelmäßig werden diese Kurse aufgefrischt.

Diensthunde bei der Polizei werden vorwiegend zur Unterstützung des Streifendienstes oder bei besonderen Einsatzanlässen eingesetzt. Sofern sich ein Straftäter nach einem Einbruchdiebstahl noch am Ort befindet, Schutz bei Demonstrationen zu gewährleisten ist, Spuren, Drogen, Sprengstoff oder vermisste Personen aufzufinden sind, sind der Diensthund und sein Hundeführer ein wichtiges Einsatzmittel.

Als Team werden die beiden zu Sondereinsätzen gerufen, wenn die speziellen Fähigkeiten des Hundes gefragt sind. Diese Sondereinsätze führen auch dazu, dass der Dienst des Hundeführers oft unregelmäßiger ist, als der eines gewöhnlichen Streifenpolizisten.

Voraussetzungen und Ausbildung

Der zukünftige Diensthundeführer macht zunächst eine zweieinhalbjährige Ausbildung auf der Polizeischule mit dem Ziel, mindestens in den mittleren Dienst aufgenommen zu werden. Danach verrichtet er weitere zweieinhalb Jahre normalen Streifendienst. Erst dann kann er sich bei der Diensthundestaffel (DHST) um eine Weiterbildung zum Hundeführer bewerben. Er muss mindestens Mittlere Reife haben, besser Abitur. Der angehende Hundeführer sollte auch privat bereits mit großen Hunden gearbeitet haben.

Verdienst

Der Verdienst des Diensthundeführers bei der Polizei liegt bei rund 2.000,00 € (Besoldungsgruppe A9 plus diverse Zulagen je nach familiärer Situation). Durch Fortbildungen kann er vom mittleren in den gehobenen Dienst aufsteigen.

Die nächsten Schritte

Hier kannst du dich weiter informieren:

Deutschland
Informationen über Ausbildung und Laufbahn bei der Polizei findest du bei allen Agenturen für Arbeit und bei:
Landespolizeischule für Diensthundführer
Lippstädter Weg 26 a
33758 Schloss Holte-Stutenbrock
Telefon: 05257-98701

Österreich
Bundespolizeidirektion Wien
Diensthundabteilung
Hofherr-Schrantz-Gasse 6
A-1210 Wien
Internet: *www.polizei.at*

Schweiz
Auskünfte über die Polizeibehörden
Informationsstelle der Stadtpolizei Zürich
Amtshaus 2
Bahnhofsquai 5
CH-8001 Zürich
Telefon: 0041-1-2167081

17

HUNDEFÜHRER SICHERHEITSDIENST

Berufsbild

Von Sicherheitsdiensten werden Gebäude und Gelände (wie z. B. Baustellen, Werksgelände, Parkhäuser) bewacht, wenn niemand mehr da ist, also v. a. auch nachts und am Wochenende. Des Weiteren sorgen Securitydienste auch bei verschiedensten Großveranstaltungen (wie z. B. Konzerten, Demonstrationen, Festen) für die nötige Sicherheit.

Es gibt auf der einen Seite den Hundeführer, der Aufgaben im Objektschutz erfüllt und dazu den eigenen, privaten Hund mitnimmt. Dieser Hund sollte einer Diensthunderasse angehören und vom Alter, von der Gesundheit und vom Ausbildungsstand geeignet sein. Der eigene Hund ist oft der beste Partner für einen Sicherheitsmitarbeiter, da beide miteinander vertraut und aufeinander eingespielt sind, er drohende Gefahr noch schneller spürt und „seinen Menschen" davor warnt.

Auf der anderen Seite gibt es den hoch spezialisierten Hundeführer, der für besondere Einsätze angefordert wird und dazu vom Arbeitgeber den geeigneten Hund an die Seite gestellt bekommt.

Voraussetzungen und Ausbildung

Ein Sicherheitsmitarbeiter mit Hund muss Liebe zum Beruf und zum Tier sowie theoretisches Wissen und praktische Fertigkeiten im Umgang mit Hunden haben. Der Hund muss geeignet und sorgfältig ausgebildet sein.

Als Hundeführer im Sicherheitsdienst benötigst du vor allem Disziplin, eine robuste Gesundheit, Mut, gute Nerven und du solltest den Hund als Partner sehen, ohne den deine Arbeit nicht erfolgreich sein kann.

Du musst dich auf die unterschiedlichsten Menschengruppen und ständig neue Anforderungen einstellen. Die zunehmende Gewaltbereitschaft von Gruppierungen kann ein Problem darstellen. Eine Lehre als „Fachkraft für Schutz- und Sicherheit" ist vorteilhaft.

Private Institute bilden aus zum „Diensthundeführer Objekt- und Werkschutz" gem. BGV C7. Die Ausbildung dauert in der Regel eine Woche und kostet zwischen 450,00 € und 900,00 €. Voraussetzung für die Teilnahme ist die Sachkundeprüfung Bewachungsgewerbe bei der IHK (nach § 34a GewO).

Kursinhalte sind v. a.:

- Arbeitssicherheit beim Einsatz von Diensthunden
- Wesen des Hundes
- Bindungsaufbau zum Diensthund
- Erste Hilfe am Hund
- Pflege und Erkrankungen beim Diensthund
- Rechtskunde (UVV, BGB, StGB, TierSchHuV und TierSchG)
- Voraussetzungen Diensthund, Verwendungsmöglichkeiten und Auswahlkriterien
- Ankauf des Diensthundes
- Demonstration Unterordnung, Grundbefehle, Kontrolle von Personen
- taktische Anwendungsübungen

Verdienst

Wachleute sind gesucht. Die Zahl der Mitarbeiter in privaten Security-Unternehmen wächst beständig und ein Ende ist nicht in Sicht. Quereinsteiger werden allerdings ziemlich schlecht bezahlt. Chancen auf bessere Bezahlung haben gut ausgebildete Mitarbeiter und Mitarbeiter mit Spezialwissen.

Die nächsten Schritte

Bei folgenden Adressen kannst du dich weiter informieren:

Deutschland
Verband:
Bundesverband der Sicherheits-
wirtschaft (BDWS)
Norsk-Data-Straße 3
61352 Bad Homburg
Internet: *www.bdws.de*

Fortbildungszentrum:
ROTEIV-Bildungszentrum Sicher-
heitsfachschule
Rhinstraße 137 A
10315 Berlin
Internet: *www.roteiv-bildungszen-
trum.de*

Wachhund-Service:
Deutscher Wach- und Schutzhund
Service GmbH
Birkholzer Str. 19k
D-16356 Ahrensfelde OT Blumberg
Internet: *www.dwss.de*

Internet-Zeitschrift:
Internet: *www.protector.info*

Schweiz
Verband Schweizerischer Sicher-
heitsdienstleistungs-Unternehmen
- VSSU Kirchlindachstrasse 98
3052 Zollikofen
Internet: *www.vssu.org*

Österreich
Verband der Sicherheitsunterneh-
men Österreichs - VSÖ Generalse-
kretariat
Porzellangasse 37 / 17
1090 Wien
Internet: *www.vsoe.at*

18

FILMTRAINER

Berufsbild

Ein Filmtrainer trainiert Hunde für den Einsatz vor der Kamera, d. h. für eine Filmproduktion. Der Hund muss einen Trick perfekt ausführen und auch nach der zwanzigsten Wiederholung der Szene immer noch freudig mitarbeiten. Dabei darf er sich von der Aufregung, Hektik und den vielen Menschen am Filmset nicht ablenken lassen.

Daher muss ein Filmtrainer über ein hohes Maß an Kreativität und Fachwissen verfügen und wissen, wie man erfolgreich Hunde motiviert. Es gibt durchaus etliche Hunde, die gern im Rampenlicht stehen und großen Spaß an der Arbeit zeigen. Die Aufgabe des Filmtrainers ist es, solch einen Hund zu finden und ihn auszubilden. Eine intensive und vertrauensvolle Bindung zum Hund ist die Voraussetzung, dass der Vierbeiner als „Schauspieler" tätig sein kann. In den Drehpausen muss der Trainer dafür sorgen, dass sein Hund zur Ruhe kommen kann.

Nur durch konsequente und dabei liebevolle Arbeit mit dem Hund kann der Filmtrainer erreichen, dass sein Hund seine eingeübten Tricks auch auf Distanz zuverlässig ausführt. Die meisten Trainer haben mehrere Hunde, die einer oder verschiedenen Rassen angehören.

Dreharbeiten können manchmal über viele Jahre gehen, wobei dann immer wieder z. B. der gleiche Typ Hund gefragt ist. So war es u. a. bei Lassie. Hier wurde jeweils ein Collie in einer bestimmten Farbe als Hauptdarsteller eingesetzt. Die Kunst liegt dann darin, auch über einen längeren Zeitraum nahezu identische Tiere auszubilden und einzusetzen. Der Zuschauer soll keinen Unterschied erkennen, wenn ein Tier aufgrund seines Alters oder aufgrund von Krankheit oder gar Tod ausgetauscht wird.

Auch für Werbespots werden Hunde gebucht. Soll z. B. ein Spot für Hundefutter gedreht werden, greift die Marketingagentur auf Hundefilmtrainer zurück. Darüber hinaus präsentieren Tiertrainer ihre Tiere und insbesondere auch Hunde gerne bei Shows, Messen und Veranstaltungen.

Voraussetzungen und Ausbildung

Du brauchst für diesen Beruf viel Geduld und Einfühlungsvermögen. Dazu musst du in der Lage sein, in jeder Situation ruhig und ausgeglichen zu agieren. Und natürlich musst du nicht nur mit Tieren, sondern auch mit Menschen gut umgehen können. Auch solltest du flexibel sein und dich schnell auf neue Situationen einstellen können. Außerdem müssen Filmtrainer viel reisen und sind oft tagelang, manchmal wochenlang unterwegs, auch das sollte dir nichts ausmachen.

Zusätzlich zum Fachwissen über Hunde muss ein Hundefilmtrainer wissen, wie es am Filmset läuft, um seine Hunde gut auf diese besonderen Situationen vorzubereiten. Auch kann ein echter Profi schon beim Lesen des Drehbuchs dem Filmredakteur sagen, welche Szenen machbar bzw. möglich sind und welche nicht. Er muss immer die Sicherheit seines Hundes im Auge behalten.

Für jede Tierart, die ausgebildet und für das Drehen eingesetzt werden soll, muss laut § 11 tierschutzrechtlich eine behördliche Genehmigung erworben werden. Die Prüfung besteht aus einem mündlichen, schriftlichen und praktischen Teil.

Es gibt keine offizielle Ausbildung zum Hundefilmtrainer. Diese Berufsbezeichnung ist weder geschützt noch staatlich anerkannt. Eine vorherige Ausbildung als Tierpfleger oder Tierarzthelfer ist nicht zwingend erforderlich, aber zu empfehlen. Ebenfalls hilfreich wäre es, wenn du bereits Hundetrainer mit Erfahrung wärest.

Um erste Erfahrungen in der Arbeit mit Filmtieren zu sammeln, gibt es verschiedene Möglichkeiten. Auf „Renate's Film-Tier-Ranch" in Bayern kannst du vielleicht einen der begehrten Praktikumsplätze ergattern. Der berühmte Filmtiertrainer Joe Bodemann aus Niedersachsen bietet Ausbildungen zum Tierpfleger an. Eine echte Ausbildung zum professionellen Tiertrainer ist z. B. im kalifornischen Moorpark College in den USA möglich.

Verdienst

Das Einkommen schwankt und wird nach Drehtagen abgerechnet. Ein normaler Drehtag kann zwischen 300,00 € und 400,00 € Gage einbringen. Renommierte Trainer erhalten Gagen bis zu 800,00 € pro Drehtag.

Der Markt für Hundefilmtrainer und Tierfilmtrainer ist sehr klein, daher können nur die Besten davon leben. Wer mit dieser Arbeit seinen Lebensunterhalt verdienen will, muss neben kaufmännischem Geschick sehr gute Kontakte zur Film- und Werbebranche haben.

Die nächsten Schritte

Versuche einen der begehrten Praktikumsplätze bei einem renommierten Filmtiertrainer zu bekommen. Das wäre ein erster Schritt.

Vielleicht hast du einen begabten Hund, der schon etliche Tricks beherrscht? Tierfilmagenturen verfügen über Karteien der tierischen Showtalente, die für Werbe- und Filmaufnahmen vermittelt werden können. Auch das ist einen Versuch wert.

Gelegentlich werden auch Workshops als Tierfilmtrainer bei namhaften Event-Agenturen angeboten.

Hier noch einige hilfreiche Kontakte:

Walter Simbeck
Internet: *www.filmtiere-simbeck.de*

Renate Hiltl (Renates Film-Tier-Ranch)
Internet: *www.filmtierranch.de*

Joe Bodemann
Internet: *www.joebodemann.de*

19

HUNDESITTER UND „DOGWALKER"

Berufsbild

Viele Menschen, auch berufstätige, haben heute einen vierbeinigen Begleiter und es gibt verschiedenste Situationen, in denen Hundehalter Unterstützung bei der Betreuung ihres Hundes brauchen. Dies können unvorhersehbare Ereignisse sein, wie Krankheit oder Kuraufenthalt, oder ein Termin steht an, bei dem der Hund nicht mitgenommen werden kann. Manche Menschen nehmen ihren Hund auch nicht mit in den Urlaub. In diesen Fällen suchen Hundehalter nach Hilfe und Unterstützung.

Eine Form der Unterstützung ist der Gassiservice. Er kommt bei Berufstätigkeit des Hundehalters, bei Krankheit oder auch in Situationen zum Einsatz, in denen der Hund unter Trennungsangst leidet. Hier kann ein „Dogwalker" oder Hundesitter bei der Hundebetreuung einspringen und einen geregelten Tagesablauf für Mensch und Hund gewährleisten.

Als Hundesitter steht man als fester Sozialpartner Mensch und Hund zuverlässig zur Seite und übernimmt verantwortungsvoll und gewissenhaft die Aufgaben eines Hundehalters.

Zu den Aufgaben eines Hundesitters können gehören:

- Gassiservice
- Tierarztbesuch
- Medikamentengabe
- Fellpflege
- stundenweise Betreuung, manchmal auch direkt beim Hundebesitzer
- Hol- und Bringservice
- Ausflüge
- Sozialkontakte mit anderen Hunden
- Beschäftigung, Spiel und Spaß
- Erziehung und Ausbildung
- Hundeschulbesuch

Als Hundesitter kann man selbstständig tätig sein oder in Tierheimen, Tierpensionen oder Hundeschulen mitarbeiten.

Voraussetzungen und Ausbildung

Es gibt keine gesetzliche Regelung für die kostenlose Ausübung und Ausbildung zu diesem Beruf. Der Begriff ist nicht geschützt und kann von jedem geführt werden. Möchtest du aber gewerblich tätig werden, solltest du Rücksprache mit deinem Veterinäramt halten. Dort wird man dir mitteilen, ob und wie eine Erlaubnis ausgehändigt wird.

Eine Sachkundeprüfung nach § 11 Tierschutzgesetz ist bei einem Gassiservice und zur gewerblichen Betreuung fremder Hunde in Deutschland Voraussetzung.

Erweitert man sein Angebot und möchte mehrere Hunde für einen längeren Zeitraum zu Hause in einer Hundepension betreuen, so ändern sich auch die rechtlichen Grundlagen (amtsärztliche Erlaubnis nach § 11 Tierschutzgesetz). Persönliche Voraussetzung um erfolgreich als Hundesitter arbeiten zu können ist, dass du dich gut mit Hunden auskennst, d. h. du hast dich mit Hunde-erziehung beschäftigt, kennst die rassetypischen Merkmale und hast dich im Bereich Hundeverhalten weitergebildet.

Darüber hinaus solltest du körperlich fit sein. Je nachdem, wie viele Hunde-kunden du hast, kommen etliche Spazierkilometer zusammen und das bei Wind und Wetter. Du musst also wetterfest, gut zu Fuß und gern in der Natur sein.

Weitere wichtige Voraussetzungen sind Geduld, Aufmerksamkeit, Flexibili-tät und eine ruhige, souveräne und sympathische Ausstrahlung. Dazu musst du verantwortungsbewusst und sehr zuverlässig sein. Unzuverlässigkeit und ständige Unpünktlichkeit sprechen sich in Windeseile herum.

Lehrgänge und Ausbildungen zum Hundesitter werden von verschiedenen privaten Unternehmen angeboten. Die Kosten liegen etwa zwischen 1.000,00 € und 3.000,00 €.

Der Lehrinhalt umfasst Themen wie:

- Ethologie
- Kommunikation Mensch - Hund
- Kommunikation Hund - Hund
- Calming Signals
- Umgang mit aggressiven Hunden
- Erste Hilfe beim Hund
- Grundlagen zur Ernährung
- Gesundheitsprävention
- u. v. m.

Verdienst

Je höher die eigene Qualifikation, z. B. durch eine Ausbildung zum Tierpfle-ger, Hundeverhaltensberater oder Hundetrainer, desto höher ist der Ver-dienst. Auch entsprechende Vorkenntnisse als „Dogwalker" für Tierheimhun-de kommen gut an.

Je anspruchsvoller oder vielfältiger die angebotenen Leistungen sind oder je mehr Hunde man gleichzeitig ausführt, umso mehr steigt auch das Einkommen.

In erster Linie entscheidet der Standort über Erfolg oder Misserfolg dieses Unternehmens. Gerade in städtischen Bereichen ist die Nachfrage von Berufstätigen nach einer Tagesbetreuung für ihren Hund während der Arbeitszeit sehr hoch, weil nicht jeder seinen Hund mit zur Arbeit nehmen kann. Schnell hat man hier einige Hunde zusammen.

Die Kosten für das Hundesitting schwanken zwischen 10,00 € und 20,00 €/ Stunde – je nach Aufwand! Bei Übernachtung eines fremden Hundes können auch um die 30,00 € berechnet werden.

Entscheidend für den Erfolg ist die Kundenzufriedenheit. Auch dieser Beruf lebt von den Empfehlungen durch zufriedene Kunden.

Die nächsten Schritte

Verantwortungsvolles Hundesitting ist mehr als „Spazierengehen mit Hund", darüber solltest du dir klar sein. Falls du sie noch nicht hast, solltest du auf jeden Fall für entsprechende (Zusatz-)Qualifikationen sorgen. Außerdem solltest du unbedingt eine Versicherung für Hundesitter abschließen.

Die Kosten für eine Ausbildung zum Hundesitter oder „Dogwalker" schwanken erheblich. Schau dir die verschiedenen Angebote gut an und entscheide, was bei deinen bereits vorhandenen Vorkenntnissen sinnvoll ist.

Falls du über eine Hundetagesstätte o. Ä. nachdenkst, solltest du im Vorfeld beim örtlichen Veterinäramt und der Gemeinde klären, ob eine Tagesbetreuung für mehrere Hunde bei gewerblicher Ausübung an deinem Wohnsitz überhaupt gestattet wird. Gerade die Auflagen für eine Tierpension oder Tiertagesstätte sind sehr strikt und werden kontrolliert. Bei Nichteinhaltung kann eine Schließung des Unternehmens oder der Entzug der Betriebserlaubnis drohen.

20

TIERPFLEGER

Berufsbild

Ein Tierpfleger ist mit den vielen Aufgaben betraut, die sich rund um die Pflege von Tieren ergeben. Je nach Tätigkeitsschwerpunkt gehören aber nicht nur Hunde zu den Pflegetieren, sondern allgemein alle Tiere, die in Tierheimen, Tierpensionen, Zuchtbetrieben und Zoos gehalten werden. In erster Linie kümmern sich Tierpfleger um die Fütterung, das allgemeine Wohlbefinden, aber auch um die Reinigung der Zwinger, Stallungen und Käfige der ihnen anvertrauten Tiere. Unterstützung bei der Jungtieraufzucht gehört ebenso dazu wie die Pflege von kranken Tieren.

Die Betreuung von Hunden ist vor allem im Aufgabenbereich eines Tierpflegers in einem Tierheim oder einer Hundepension zu finden. Weitere mögliche Einsatzorte sind sogenannte „Gnaden- oder Lebenshöfe", aber auch Tierkliniken, Tierarztpraxen oder Versuchstierlabore.

Tierpfleger arbeiten eng mit Tierärzten und anderen Tierfachkräften zusammen. Je nach Arbeitsplatz kann die Arbeit körperlich sehr anstrengend sein. Auch verwaltungstechnische Aufgaben gehören zum Tätigkeitsgebiet eines Tierpflegers. Im Tierheim beraten sie Menschen, die einen Hund suchen, vermitteln Tiere und nehmen Abgabetiere auf. Auch Öffentlichkeitsarbeit kann zu den Aufgaben gehören.

Neben der Arbeit in Tierheimen und -pensionen können Tierpfleger auch im Forschungs- und Klinikbereich tätig werden. Diese Arbeit unterscheidet sich mitunter gravierend von der Arbeit in einem Tierheim und kann gerade im Bereich der klinischen Forschung für Hundefreunde sehr belastend sein.

Tierpfleger können auch selbstständig tätig sein, indem sie z. B. eine Tierpension betreiben. Häufiger sind sie jedoch angestellt bei einer Behörde, bei einem Betrieb oder in einer Klinik oder Praxis.

Exkurs: Tierheimleiter

Vielleicht ist es dein Ziel, Tierheimleiter zu werden. Deshalb hier noch ein paar Worte über die Tätigkeitsbereiche.

Es gibt nur noch wenig städtische Tierheime, die meisten Tierheime werden heutzutage von einem Verein unterhalten. Ein Tierheimleiter führt über alle ein- und ausgehenden Tiere genauestens Buch. Er ist für die Versorgung der Tiere genauso zuständig wie für ihre Vermittlung und die Kontrolle ihres neuen Zuhauses. Gerade für diese Aufgabe braucht der Tierheimleiter eine gute Menschenkenntnis.

Außerdem muss er den Arbeitseinsatz der angestellten Tierpfleger und der ehrenamtlichen Helfer organisieren. Die Stelle des Tierheimleiters wird in der Regel durch Tierschützer und/oder Tierpfleger besetzt, die dem Verein persönlich bekannt sind und oftmals bereits durch ihren großen ehrenamtlichen Einsatz aufgefallen sind. Das Gehalt des Tierheimleiters wird individuell mit dem Verein ausgehandelt.

Vorgeschrieben ist eine dreijährige Berufserfahrung und der Sachkundenachweis nach § 11 Tierschutzgesetz oder eine Ausbildung als Tierpfleger, Tierarzthelfer, Zoofachhändler oder ein Studium der Tiermedizin.

Voraussetzungen und Ausbildung

Die Ausbildung zum Tierpfleger ist eine klassische, duale, dreijährige Berufsausbildung mit Abschlussprüfung. Man unterscheidet dabei drei Ausbildungs- und Tätigkeitsschwerpunkte:

- Forschung & Klinik
- Zootierpflege
- Tierheim- & Pensionstierpflege

Für die Ausbildung wird in der Regel die Mittlere Reife gefordert, idealerweise mit vorausgegangenem Praktikum. Je nach Fachrichtung werden unterschiedliche Ausbildungsplätze angeboten. Erst im dritten Ausbildungsjahr erfolgt die Spezialisierung auf einen Tätigkeitsschwerpunkt.

Die Ausbildung wird nach Tarif mit mindestens 700,00 € monatlich im ersten Ausbildungsjahr bezahlt, wobei sich der Verdienst bis auf 950,00 € im letzten Ausbildungsjahr steigern kann.

Für den Ausbildungsberuf als Tierpfleger solltest du unbedingt körperlich und psychisch belastbar sein. Der Umgang mit tierischen Ausscheidungen, Schmutz und Staub sollte dir nichts ausmachen. Auch ein großes Interesse an Biologie und tiermedizinischen Sachverhalten solltest du mitbringen.

Zu den Themen der Ausbildung gehören:

- Haltung
- Zucht
- Ernährung
- Pflege
- Anatomie
- Systematik
- Krankheiten
- Gesundheits- und Umweltschutz
- Sicherheitsbestimmungen im Umgang mit Tieren
- Betriebsorganisation (wie Buchhaltung, Einkauf und Materialwirtschaft)

Die Bereitschaft, auch an Wochenenden und im Schichtdienst zu arbeiten wird ebenso vorausgesetzt, wie viel Geduld und Verantwortungsgefühl im Umgang mit Tieren. Neben der Ausbildung gehört die Bereitschaft zu Weiterbildungen maßgeblich zu diesem Beruf dazu, um regelmäßig seine Fachkenntnisse zu aktualisieren, zu erweitern und sich ggf. auf weitere Themenschwerpunkte zu spezialisieren.

Um beruflich weiterzukommen oder vielleicht sogar eine Führungsposition zu besetzen, besteht die Möglichkeit der Fortbildung zum Tierpflegemeister. Mit einer Hochschulzugangsberechtigung kannst du auch studieren und beispielsweise einen Bachelor in Biologie erwerben. Auslandspraktika erweitern das Berufs- und Erfahrungsgebiet.

Es existieren sogenannte „berufsrelevante gesundheitliche Einschränkungen", die bei dem Beruf „Tierpfleger" unbedingt berücksichtigt werden sollten. Dazu gehören:

- eingeschränkte Belastbarkeit der Wirbelsäule, Beine, Arme und Hände (z. B. Tierunterkünfte einrichten und instand halten)
- Muskelschwäche, fehlende Muskelkraft (z. B. Säcke mit Futtermitteln oder Kisten mit Obst tragen)
- eingeschränkte Beweglichkeit (z. B. Tiere einfangen und für tierärztliche Untersuchungen vorbereiten)
- mangelnde körperliche Ausdauer (z. B. Tierstallungen, Käfige und Außengehege säubern)
- Infektanfälligkeit, chronische Infektionskrankheiten (z. B. zwischen Außengehegen und z. T. feuchtwarmen Innenbereichen wechseln)
- eingeschränkte Funktionstüchtigkeit der Arme und Hände (z. B. Futterrationen zusammenstellen)
- eingeschränkte Feinmotorik der Hände und Finger (z. B. mit sehr kleinen oder sehr jungen Tieren umgehen)
- Störungen der Bewegungskoordination, Gleichgewichtsstörungen (z. B. Tiere bei tierärztlichen Eingriffen ergreifen, halten und fixieren)
- nicht korrigierbare Sehschwäche für die Ferne (z. B. entfernte und schnell herannahende Tiere wahrnehmen)
- nicht korrigierbare Sehschwäche für die Nähe (z. B. Parasiten im Fell von Tieren erkennen)

- chronische oder allergische Hauterkrankungen oder mangelnde Widerstandsfähigkeit der Haut an Händen und Armen (z. B. Tierunterkünfte mit Desinfektionsmitteln reinigen)
- chronische oder allergische Atemwegs- und Lungenerkrankungen (z. B. mit Futtermittelstäuben und Tierhaaren in Kontakt kommen)
- leistungsvermindernde und chronische Herz- und Kreislauferkrankungen (z. B. bei anstrengenden Arbeiten wie Tierstallungen, Käfige und Außengehege säubern)

(Quelle: vgl. https://berufenet.arbeitsagentur.de/berufenet/faces/index?path=null/suchergebnisse/kurzbeschreibung/gesundheitlicheaspekte&dkz=90129&such=Tierpfleger, Stand: 09.03.2020)

Österreich

In Österreich erfolgt die Ausbildung ebenfalls in einer dualen, dreijährigen Berufsausbildung. Dort ist aber die Voraussetzung der Nachweis von neun Pflichtschuljahren. Der Schwerpunkt wird abhängig vom Ausbildungsbetrieb gesetzt. Eine Meisterprüfung ist nicht vorgesehen und für eine berufliche Weiterqualifizierung ist eine „Berufsmatura" (Berufsreifeprüfung = Lehrabschlussprüfung plus vier weitere Prüfungen) notwendig.

Schweiz

In der Schweiz dauert die Ausbildung zum Tierpfleger ebenfalls drei Jahre. Zur Auswahl stehen hier die Fachrichtungen Heimtiere, Versuchstiere oder Wildtiere.

Verdienst

Der durchschnittliche Verdienst eines Tierpflegers liegt zwischen 1.700,00 € und 2.400,00 € brutto. Im öffentlichen Dienst gelten Tarifverträge, dort verdienen Tierpfleger zwischen 2.270,00 € und 2.880,00 € brutto. Am niedrigsten fallen die Löhne im Bereich „Tierheim- und Pensionstierpflege" aus, in dem das Gehalt eines Tierpflegers bei rund 1.500,00 € liegt.

Das Einkommen eines Tierpflegers ist abhängig von Aus- und Weiterbildung, Berufserfahrung und Verantwortlichkeit, sowie von Anforderung, Branche, Region und Betrieb und kann sich bei nicht tarifgebundenen Betrieben an Tarifverträge anlehnen.

Die nächsten Schritte

Werde dir erst einmal darüber klar, in welche Fachrichtung du gehen möchtest. Empfehlenswert ist es, ein Praktikum in einem Tierheim, in einem Zoo oder in einer Tierklinik zu absolvieren, damit du dir ein umfassenderes Bild von den dortigen Aufgaben eines Tierpflegers machen kannst.

Bei folgenden Adressen kannst du dich weiter informieren:

Deutschland
Deutscher Tierschutzbund e. V.
Baumschulallee 15
53115 Bonn
Internet: *www.tierschutzbund.de*

Bund gegen den Missbrauch der Tiere
Viktor-Scheffel-Straße 15
80803 München
Internet: *www.bmt-tierschutz.de*

Schweiz
Schweizer Tierschutzbund STS
Dornacherstraße 101
4018 Basel
Internet: *www.tierschutz.com/*

Schweizerische Gesellschaft für Tierschutz
Alfred-Escher-Strasse 76
8002 Zürich
Internet: *www.protier.ch*

Österreich
Zentralverband der
Tierschutzvereine Österreichs
c/o Wiener Tierschutzverein
Triester Str. 8
A - 2331 Vösendorf
Internet: *www.wr-tierschutzverein.org*

21

HUNDEFOTOGRAF

Berufsbild

Ein Hundefotograf fotografiert Hunde in der Natur oder in einem Fotostudio. Je nach Verwendungszweck kann es sich um Fotografien im Makrobereich (dem absoluten Nahbereich), Unterwasser-, Sport- und Action- oder um Stimmungsbilder handeln. Fotografien können für Fachliteratur, für wissenschaftliche Dokumentationen oder auch für Werbezwecke angefertigt werden. Darüber hinaus engagieren auch manche Hundehalter privat einen Hundefotografen, um ihren Vierbeiner ablichten zu lassen.

Neben einer guten Kamera gehören Stativ und spezielle Objektive zur Ausrüstung eines Hundefotografen. Herausfordernd sind z. B. Fotografien von schnell beweglichen Tieren wie springenden oder rennenden Hunden. Dazu benötigt man sehr lichtempfindliche Objektive und eine hohe Verschlusszeit, damit die Bilder nicht unscharf werden. Auch muss der Fotograf geeignete Fototechniken beherrschen, um ein gutes Ergebnis zu erzielen.

Des Weiteren sollten PC und Software für die Bildbearbeitung zur Verfügung stehen.

Neben der Fotografie gehören auch Aufgaben wie Archivierung, Kundenbetreuung, Buchhaltung und Marketing zu den täglichen Aufgaben.

Der Bedarf an Hundefotografen für den privaten Bereich nimmt stetig ab. Das liegt daran, dass es heute im digitalen Zeitalter so viele Möglichkeiten für Hundehalter gibt, selbst gute Schnappschüsse und Fotografien zu machen, die für den privaten Bereich in der Regel ausreichen. Gerade junge Leute sind technisch oft sehr gut ausgerüstet und auch in der Bildbearbeitung versiert. Hier muss man schon eine Marktlücke finden wie Unterwasser-Shoots oder das Fotografieren von Hunden beim Fangen eines Leckerchens.

Hundefotografen arbeiten daher vor allem im Bereich Veranstaltungen, sowie für Zeitschriften und Magazine, Verlage und Werbefirmen.

Voraussetzungen und Ausbildung

Voraussetzung ist z. B. eine gute Beweglichkeit, da der überwiegende Anteil der Fotos auf dem Bauch liegend gemacht wird. Es wird also quasi auf Augenhöhe gearbeitet.

Zudem benötigst du Einfühlungsvermögen, Sachkenntnisse im Umgang mit Hunden und auch Freude am Umgang mit Menschen. Dazu kommt das technische Wissen im Bereich der Fotografie und Bildbearbeitung. Neben der Beherrschung seines Handwerks braucht ein Fotograf eine gute Ausrüstung, die sehr teuer ist und von laufenden Investitionen begleitet wird.

Darüber hinaus musst du die Bereitschaft besitzen, auch abends und am Wochenende Termine wahrzunehmen und musst sehr mobil sein. Hunde lassen sich nur bedingt „in Szene" setzen. Daher benötigst du große Ausdauer und Geduld, um den richtigen Moment abzuwarten. Am Ende eines Fotoshootings bleiben meist nur einige wenige Bilder, die genutzt werden können.

Um professioneller Fotograf zu werden gibt es verschiedene offizielle Aus-bildungswege: eine dreijährige Fotografen-Ausbildung in einem Fotostudio, eine Ausbildung an einer staatlichen oder privaten Fotoschule oder aber das Studium der Fotografie. Eine spezielle Ausbildung zum Tier- oder Hundefoto-grafen gibt es nicht. Du kannst dir natürlich auch selbst das Fotografieren bei-bringen. Seit 2004 handelt es sich beim Fotografen um ein zulassungsfreies Handwerksgewerbe.

Es werden jedes Jahr etwa achthundert Lehrstellen zum Fotografen in Deutschland ausgeschrieben. Um eine davon zu bekommen, brauchst du eine aussagekräftige Bewerbungsmappe mit guten Fotografien.

Für den Einstieg in den Beruf nach der Ausbildung ist ein kleines Studio in einem abgeteilten Bereich der eigenen Wohnung zu empfehlen. Hier können Hunde vor der Leinwand in Szene gesetzt werden. Auch eine Festanstellung bei einem bereits etablierten Fotografen ist eine gute Basis, um sich später vielleicht selbstständig zu machen.

Verdienst

Das Einkommen während der Ausbildung zum Tierfotograf beträgt zwischen 240,00 € und 420,00 € monatlich, gestaffelt nach Ausbildungsjahr. Empfoh-len werden ein Realschulabschluss und ein Alter von achtzehn Jahren. Die Ausbildungsvergütung in der fotografischen Ausbildung ist nicht tariflich ge-regelt. Somit gibt es von den Landesinnungsverbänden nur eine Empfehlung für einen Mindestbetrag, an die sich die ausbildenden Betriebe nicht halten müssen.

Das Einstiegsgehalt als Fotograf liegt zwischen 1.400,00 € und 2.200,00 €, variiert aber sehr stark!

Mit Fotoworkshops oder -seminaren kannst du dein Einkommen verbessern und gewinnst neue Kunden.

Die wenigsten selbstständigen Hundefotografen können von ihrer Arbeit leben. Daher üben die meisten den Beruf nebenberuflich aus. Du solltest mit mindestens drei Jahren Anlaufzeit rechnen, bevor du mit dem Fotografieren wirklich Geld verdienst. Ein zweites Standbein ist dringend zu empfehlen.

Die nächsten Schritte

Hier kannst du dich weiter informieren:

* Berufsfotografen.de
* BFF-Berufsverband freie Fotografen und Filmgestalter e.V.
* CentralVerband Deutscher Berufsfotografen/Innungsverband
* Gesellschaft deutscher Tierfotografen

HUNDEZEICHNER/-MALER

Berufsbild

Der Hundemaler malt oder zeichnet z. B. Tierporträts nach Fotovorlage oder auch nach dem Original. Seine Kunden sind vor allem Privatleute. Aber auch Verlage engagieren Hundezeichner für manche Bücher.

Der Beruf wird fast immer in freiberuflicher Tätigkeit ausgeübt.

Voraussetzungen und Ausbildung

Für diesen Beruf benötigst du viel Kreativität, Durchhaltevermögen und künstlerisches Können und Talent. Außerdem musst du viel Sensibilität und Liebe für die Tiere mitbringen. Da viele Tierhalter ihre Hunde erst posthum porträtieren lassen, gehört manchmal auch Trauerarbeit mit zum Berufsbild.

Zum Beruf des Tiermalers führen mehrere Wege, denn eine staatlich reglementierte Ausbildung ist nicht vorgeschrieben, um diesen Beruf ausüben zu dürfen.

Du kannst also wählen zwischen Aus- und Weiterbildungen an Volkshochschulen oder privaten Instituten und staatlich geprüften Ausbildungen zum Grafik-Designer bzw. Kunstmaler an Berufsfachschulen und -kollegs sowie Kunstakademien. Auch ein Kunststudium bzw. ein Grafik-Design-Studium an einer Fachhochschule, Universität oder Kunsthochschule ist denkbar.

Verdienst

Nur wenige Tiermaler können von diesem Beruf leben. Aber es gibt sie. Dazu musst du es durch viel Üben schaffen, ein sehr gutes Bild in einer akzeptablen Zeit fertig zu stellen. Wenn du zu lange für ein Bild benötigst, rechnet es sich nicht mehr.

Je nach Maltechnik und Format variieren die Preise erheblich. Eine kleine Bleistiftzeichnung kostet zwischen 110,00 € und 190,00 €, ein mehrfarbiges Ölgemälde kann auch 1.500,00 € und mehr kosten. Es hängt also davon ab, wie viele zahlungskräftige Kunden du für ein Bild ihres Hundes begeistern kannst. Daher ist auch eine professionelle Selbstvermarktung von Nöten.

Die nächsten Schritte

Vermutlich wurde dir schon häufig gesagt, dass du Talent hast. Dieses Talent solltest du dir jedoch nicht nur von Familie und Freunden bestätigen lassen, sondern hole dir zusätzlich das ehrliche Feedback eines Profis ein.

Welchen Ausbildungsweg möchtest du einschlagen? Das hängt auch von Voraussetzungen wie Schulabschluss und deiner beruflichen und familiären Situation ab.

23

AUTOR FÜR HUNDEBÜCHER

Berufsbild

Ein Hundebuch-Autor schreibt Bücher im Bereich der Belletristik, aber auch Fachbücher und Ratgeber. Dabei kann er sowohl für Verlage schreiben als auch seine Bücher selbst publizieren. Mit Hilfe von „Books-on-Demand"-Plattformen ist dies heute kein Problem mehr.

Für Selfpublisher gehört zum Berufsbild auch Werbung und Marketing und er muss sich um Dinge wie Cover, Fotos und Lektorat selbst kümmern. Verlage nehmen ihren Autoren die Arbeit in diesen Bereichen in unterschiedlichem Maße ab.

Autoren halten Lesungen und Vorträge und können auch Seminare anbieten.

Voraussetzungen und Ausbildung

Um Autor zu sein, musst du etwas zu sagen haben. Wenn du Romane schreibst, solltest du einen guten Schreibstil haben, kreativ sein und viel Fantasie besitzen.

Ein Autor von Hundesachbüchern und -ratgebern benötigt sehr viel Fachwissen, das er weitergeben kann. Auch hier kommt es auf eine gute Lesbarkeit an, vor allem wenn das Buch für ein breites Publikum gedacht ist.

Natürlich solltest du gern schreiben und es sollte dir leichtfallen, dich schriftlich auszudrücken. Außerdem musst du damit zurechtkommen, allein in deinem Kämmerlein zu sitzen. Dafür benötigst du u. a. Disziplin und Durchhaltevermögen. Zudem solltest du gut recherchieren können und über analytische Fähigkeiten verfügen. Nicht zu vergessen, du musst auch damit fertig werden können, wenn dein Buch nach Veröffentlichung harsch kritisiert wird. Schlechte Rezensionen, ob gerechtfertigt oder nicht, erlebt jeder Autor.

Eine Ausbildung zum Hundebuch-Autor existiert nicht. Du kannst Schreibkurse z. B. an Volkshochschulen, Fernlehrinstituten und anderen privaten Einrichtungen belegen. Falls du noch nie längere Texte geschrieben hast, wäre dies ein guter Einstieg.

Verdienst

Von der Arbeit als Hundebuch-Autor allein kann man in der Regel nicht leben, sodass sie ihren Beruf meist nebenberuflich ausüben und ein weiteres berufliches Standbein haben.

In einem Verlag unterzukommen, ist sehr schwierig. Der Weg zu einem Verlag führt in der Regel heute über Literaturagenturen, die meist hoffnungslos überlaufen sind. Du musst ausgesprochen gut sein, ein interessantes Thema abdecken und dazu viel Glück haben, dann kannst du vielleicht einen Verlagsvertrag ergattern.

Als Autor erhältst du vom Verlag einen kleinen Anteil (in der Regel 5 % bis maximal 10 %) des Nettoladenpreises von jedem verkauften Buch. Und nur die allerwenigsten schaffen es, jemals einen Bestseller zu schreiben.

Als Selfpublisher verdienst du etwas mehr an deinem Buch. Wenn du dich selbst gut verkaufen kannst, mag dies der bessere Weg sein.

Die nächsten Schritte

Du hast eine gute Idee für einen Roman, einen Ratgeber oder ein Sachbuch? Dann informiere dich bei den Verlagen und Literaturagenturen, was du jeweils einreichen musst. In der Regel sind das ein Exposé, eine Kurzbiografie und die ersten dreißig bis fünfzig Seiten deines Werks. Und dann heißt es warten, oft auch etliche Monate, bis eine Antwort kommt. Daher ist es günstig, gleich mehrere Verlage oder Literaturagenturen anzuschreiben.

Bei Ratgebern und Sachbüchern brauchst du noch nichts vorab geschrieben zu haben. Hier reicht oftmals die Darstellung deiner Idee und ggf. eine Schreibprobe. Recherchiere vorher, wie viele Bücher es zu diesem Thema bereits auf dem Markt gibt. Hast du ein interessantes, vielleicht sogar neues Thema in petto, das zudem im Trend der Zeit liegt, ist es oft einfacher, dafür einen Verlag zu finden.

Leider gibt es in seltenen Fällen auch Verlage, die vorab Geld von dir verlangen, um das Buch zu veröffentlichen. Von solchen Angeboten solltest du dich lieber fernhalten, denn Schreiben kostet eine Menge Zeit und Energie und wenn ein Verlag mit dem Ergebnis deiner Arbeit an die Öffentlichkeit geht, sollte er dich auch dafür bezahlen.

HUNDEFACHJOURNALIST/-FACHREDAKTEUR

Berufsbild

Ein Hundefachjournalist erstellt Fachbeiträge in entsprechenden Magazinen und Fachzeitschriften. Dafür benötigt er viel Fachwissen und einen guten Schreibstil. Dazu kommt viel Büroarbeit mit modernster Computertechnologie und -software.

Idealerweise kann der Journalist seine Fotos selbst machen und sie auch selbst bearbeiten. Ein Hundefachjournalist arbeitet in der Regel freiberuflich. Sehr viel seltener ist eine feste Anstellung z. B. bei einer Hundezeitschrift.

Voraussetzungen und Ausbildung

Ein Hundefachjournalist benötigt ein sicheres Gespür für Themen und möglichst praktische Erfahrung in einem Hundeberuf. Auf jeden Fall solltest du etwas von Hunden verstehen. Auch musst du es lieben zu recherchieren und dich an Themen „festzubeißen".

Du kannst eine Ausbildung auf einer Journalistenschule machen, aber auch Abend- und Wochenendkurse sowie Fernlehrgänge werden angeboten. Ein Volontariat bei einer Hundezeitschrift ist zu empfehlen, ebenso wie Weiterbildungen im Bereich Fotografie.

Verdienst

Nur sehr erfahrene und gute Hundejournalisten mit guten Kontakten zu den Medien können von ihrem Beruf leben.

Der Verdienst hängt vom jeweiligen Zeitschriftenverlag, von der Länge des Artikels und von deinem Bekanntheitsgrad ab. In der Regel bekommst du für einen Artikel zwischen 70,00 € und 200,00 €.

Die nächsten Schritte

Vermutlich hast du bereits einen Hundeberuf. Nun solltest du dich um eine journalistische bzw. redaktionelle Zusatzausbildung kümmern.

Schreibe einen kleinen Artikel und biete ihn verschiedenen Hundezeitschriften an. So bekommst du ein Gefühl dafür, was verlangt wird und auch was bezahlt wird. Um einen noch besseren Eindruck zu machen, solltest du nach Möglichkeit hochwertige Fotos mitliefern. Ist dies nicht möglich, so ist das auch nicht weiter schlimm, denn die Verlage verfügen selber über große Bilddatenbanken.

25

HUNDEBLOGGER

Berufsbild

Der Hundeblogger gehört zu den sehr jungen Berufen. Auf seiner Webseite bietet der Blogger Artikel und Informationen über das Thema „Hund" an. Man findet hier von „Allgemein" über „Gesundheit", „Hundesport" und „Fütterung" eine Vielzahl von Themen. In der Regel sind Blogbeiträge absteigend nach Datum aufgelistet und bieten dem Blogleser eine genaue Übersicht über die Aktualität eines Beitrags. Dank der Kommentarfunktion können sich Blogleser austauschen.

Kategorien, Schlagwörter oder die Archivfunktionen erleichtern es dem Blogleser, schnell und einfach durch den Blog zu navigieren.

Die meisten Blogger betreiben ihren Blog als Hobby, andere verdienen ein wenig zu ihrem Hauptberuf hinzu, einige wenige können davon leben.

Voraussetzungen und Ausbildung

Du solltest dich sehr gut mit Internet, Webseiten, Suchmaschinenoptimierung (SEO), Content Management und allem, was sonst noch zum modernen Computerleben dazu gehört, auskennen. Natürlich solltest du auch gern schreiben und die Disziplin aufbringen, deinen Blog regelmäßig zu „füttern". Damit du mit dem Blog Geld verdienst, musst du kreativ sein und ein nicht geringes Maß an Geschäftstüchtigkeit entwickeln.

Eine Ausbildung existiert nicht. Wem das nötige technische Know-how fehlt, der kann sich z. B. an der VHS, in Büchern, bei Online-Kursen oder mittels geeigneter Magazine weiterbilden.

Verdienst

Man kann als Hundeblogger Geld verdienen. Und zwar beispielsweise durch:

- bezahlte, eigene Artikel mit Linkplatzierung (Sponsored Posts)
- bezahlte Produkttests mit Linkplatzierung
- Affiliate-Einnahmen (Amazon, Audible etc.)
- Google AdSense
- Bannerschaltung
- Gastartikel
- Veröffentlichungen in Magazinen etc.
- eigene Produkte
- Fotoverkäufe

Wie groß das Einkommen ist, hängt von so vielen Faktoren ab, dass es schwierig ist, Zahlen anzugeben.

Die nächsten Schritte

Beginne mit der Themensuche. Soll es ein allgemeiner Hundeblog sein oder willst du dich spezialisieren (z. B. auf Hundegesundheit oder -fütterung)? Dann schreib gute, suchmaschinenoptimierte Texte zu den gewählten Themen. Überlege auch, welche Kooperationen (bezahlte Produkttests und/oder Sponsored Posts) möglich sein könnten.

26

HUNDETOURISTIKMANAGER/HUNDETOURISTIKER

Berufsbild

Ein Hundetouristikmanager (andere Bezeichnungen: Tourismuskaufmann mit Spezialisierung „Reisen mit Hund"; Hundetouristiker) hat sich auf das Reisen mit Hund spezialisiert. Dazu gehören die Planung, Organisation, Betreuung und Durchführung einer Reise.

Die Zahl der Hundehalter, die mit ihrem Vierbeiner in den Urlaub fahren möchten, nimmt stetig zu. Neue Angebote und Nachfragen von Wander- und Erholungsreisen bis zum Aktivurlaub mit Hund wachsen und eröffnen einen ganz neuen Tourismusmarkt.

Ein Hundetouristikmanager verfügt neben der touristischen Fachkenntnis über ein umfangreiches Fachwissen zum Thema Hund.

Bei Reisen in andere Länder und Kulturkreise berücksichtigt er bei seiner Planung den dort herrschenden sozialen Stellenwert des Hundes unter Einhaltung der örtlichen Gesetze, damit ein reibungsloser und sicherer Urlaub auch im Ausland gewährleistet ist.

Er kennt sich zudem mit den Gesundheitsgefahren für Hunde, sowie den gesetzlichen Auflagen für Reisende mit Hund aus und kann seine Kunden dahingehend kompetent beraten.

Der Hundetouristikmanager arbeitet auch mit Reisebüros und Reiseveranstaltern zusammen. Der Beruf kann angestellt oder selbstständig ausgeführt werden.

Die meisten Hundetouristiker machen sich in diesem Beruf selbstständig als Reisebüroleiter mit der Spezialisierung „Reisen mit Hund".

Als selbstständiger Reisebüroleiter begutachtest du Pensionen, Ferienhäuser und -wohnungen sowie Hotels, bevor du diese in dein Angebot aufnimmst. Du recherchierst Details über Reiseziele und Unterkünfte, die jeder Hundehalter wissen will, der plant, mit seinem Hund Urlaub zu machen. In deinen Katalog nimmst du nur hundefreundliche und hundetaugliche Unterkünfte auf.

Da du schon selbst mit Hund Urlaub gemacht hast, kennst du die Fragen, die Hundehaltern auf den Nägeln brennen. Gibt es einen eingezäunten Garten oder liegt eine Hundewiese in nächster Nähe? Darf man Hunde mit an den Strand nehmen oder gibt es einen Hundestrand? Wie ist die Leinenpflicht im Urlaubsort geregelt? Gehen Gassi-Wege direkt vom Hotel weg? Dürfen Hunde mit ins Restaurant? Gibt es einen stufenfreien Eingang für alte und gehbehinderte Hunde? Kann man dem Hund die Pfoten vor dem Eingang säubern? Bleiben die Zimmer im Sommer kühl? Wo finden Hundeschulen und -vereine geeignete Gruppenunterkünfte und Gelände? Diese und viele weitere Fragen gilt es als Hundetouristikmanager kompetent zu beantworten.

Voraussetzungen und Ausbildung

Voraussetzung für diesen Beruf ist ein umfangreiches Fachwissen zum Thema Hund und zu den Themen Recht und Beschränkungen. Auch solltest du gern mit Kunden umgehen und Menschen gern beraten. Da du dir als selbstständiger Reisebüroleiter immer wieder mal Zielorte und Unterkünfte anschauen musst, bist du auch regelmäßig auf Reisen. Idealerweise nimmst du deinen Hund mit. Auch er sollte also das Reisen mögen.

Um die vielen Fragen deiner Kunden zufriedenstellend beantworten zu können und um geeignete Unterkünfte und Urlaubsorte zu finden, solltest du immer über neue Urlaubsorte und -ideen informiert sein und optimalerweise selbst bereits ausgiebige Erfahrungen im Bereich Reisen mit Hund gesammelt haben

Es gibt keine einheitliche Ausbildung zum Hundetouristikmanager in Deutschland. Dieser Beruf ist weder geschützt noch staatlich anerkannt. Die einzige bisher hierzu angebotene Ausbildung erfolgt durch eine Akademie, die sich auf die Ausbildung in Fernstudiengängen mit Präsenzunterricht für Tierberufe spezialisiert hat.

Durchschnittlich dauert dieser Fernlehrgang zwölf Monate und wird nach bestandener Abschlussprüfung in Theorie und Praxis mit einem Diplom (staatlich nicht anerkannt) beendet. Die Kosten für diese Ausbildung liegen derzeit bei circa 1.750,00 €. Voraussetzung für den Lehrgang ist ein Mindestalter von achtzehn Jahren. Der Beruf steht jedem offen.

Du kannst dich aber auch zum Tourismuskaufmann ausbilden lassen. Dies dauert drei Jahre und wird mit einer Prüfung abgeschlossen. Danach kannst du dich auf den Bereich „Reisen mit Hund" spezialisieren.

Vergleichbare Ausbildungen gibt es in der Schweiz (Kaufmann Reisebüro) und in Österreich (Reisebüroassistent).

Verdienst

Die derzeitige Ausbildungsvergütung liegt bei ca. 700,00 € im ersten und bei ca. 980,00 € im dritten Ausbildungsjahr.

Über Verdienstmöglichkeiten lässt sich bei diesem neuen Beruf noch nicht viel sagen. In der Reisebranche liegt das Durchschnittseinkommen als angestellter Mitarbeiter bei ca. 2.000,00 € pro Monat.

Viele Hundetouristikmanager machen sich jedoch selbstständig. Gewöhnlich bekommt ein Reisebüro etwa 10 % des Reisepreises. Die Nachfrage steigt stetig. Der Beruf hat eine vielversprechende Zukunft.

Viele Hundetouristikmanager machen sich jedoch selbstständig. Gewöhnlich bekommt ein Reisebüro 10 % des Reisepreises. Die Nachfrage steigt stetig. Der Beruf hat eine vielversprechende Zukunft.

Die nächsten Schritte

Zum Ausbildungsberuf des Kaufmann für Tourismus und Freizeit kannst du dich bei der Agentur für Arbeit näher informieren.

Schau dir auch mal verschiedene Webseiten von Anbietern von Hundereisen an und vergleiche sie. Vielleicht möchtest du dich ja auch spezialisieren, z. B. auf Wanderreisen mit Hund.

HUNDEBOUTIQUE-BETREIBER

Berufsbild

In Hundeboutiquen werden in der Regel höher preisliche und qualitätsvollere Produkte verkauft als im normalen Zooladen. Der Boutiquen-Betreiber muss sich gut auskennen, damit er kompetent beraten kann, denn wenn ein Hundehalter bei ihm kauft und mehr für die Produkte bezahlt, erwartet er das.

Neben diesen Hundeshops mit hochwertigen Artikeln existieren auch die Luxus-Boutiquen, die auf sehr kaufkräftige Hundehalter zielen. Hier ist das Angebot sehr exquisit, nicht selten auch etwas „schräg".

Um mit einer Hundeboutique zu bestehen, muss der Betreiber auf Klasse statt auf Masse setzen. Nur so kann er gegenüber dem Zoofachmarkt konkurrenzfähig bleiben. Qualität, Beratung und persönlicher Kontakt sind den Käufern hier wichtig. In der Regel führen die Boutiquen für ihre oftmals außergewöhnlichen Produkte zusätzlich einen Online-Shop. Auch hier wird Beratung großgeschrieben.

Oftmals bieten Hundeboutiquen weitere Serviceangebote, um Kunden anzu-
locken und zu halten. So kann ein Hundesalon angeschlossen sein oder es
kommt z. B. mehrmals in der Woche ein Tierarzt oder ein Hundephysiotherapeut ins Haus.

Darüber hinaus können besondere Produkte, nach denen eine große Nachfrage besteht, auch selbst hergestellt und verkauft werden, wie z. B. maß-
geschneiderte Geschirre oder Hundemäntel oder besondere Hundeleckerlis.
Wer das handwerkliche Geschick besitzt, kann auch Luxusartikel wie edle
Halsbänder, exquisiten Schmuck, orthopädische Hundebetten usw. selbst
herstellen und in seiner Boutique verkaufen.

Messeauftritte gehören zum Leben eines Boutique-Betreibers ebenfalls dazu.

Voraussetzungen und Ausbildung

Eine handwerkliche und vor allem eine kaufmännische Ausbildung sind zu
empfehlen. Als Boutique-Betreiber musst du dich hervorragend mit deinen
Produkten auskennen, aber auch über viel Fachwissen verfügen, was Hunde
betrifft.

Natürlich solltest du gern beraten und gut mit Menschen umgehen können.
Aber auch die Hunde sollen sich bei dir wohlfühlen. Du musst unbedingt ein
kommunikativer und kontaktfreudiger Mensch sein und dich auf Kundenwünsche einstellen können. Auch Kreativität, Flexibilität und Geduld sind gefragt.

Verdienst

Der Verdienst hängt davon ab, wie gut die Boutique läuft und sich am Markt
etablieren kann. Der Standort ist dabei ebenfalls ausgesprochen wichtig.

Die nächsten Schritte

Schau dir einmal einige gut gehende Boutiquen an. Vielleicht kommst du mit den Inhabern ins Gespräch. Eventuell ist es auch möglich, dort erst einmal ein Praktikum zu machen oder angestellt, als Verkäufer zu arbeiten.

Falls du Hundeartikel selbst herstellen möchtest, musst du unbedingt vorab eine umfangreiche Marktanalyse durchführen. Stell dir Fragen wie: „Besteht überhaupt Bedarf für mein Produkt?" und „Wie viele Mitbewerber gibt es?".

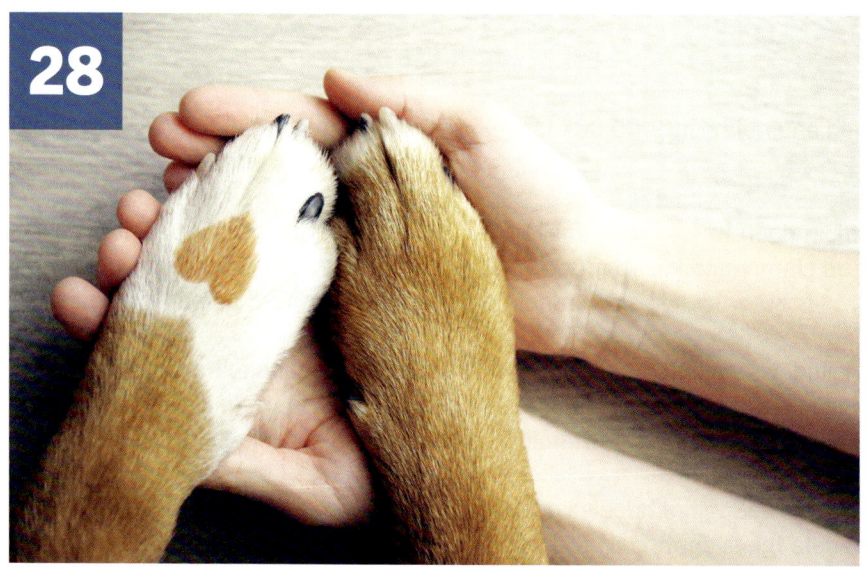

28

N.A.B. – GANZHEITLICHER HUNDE-VERHALTENSBERATER

Berufsbild

N.A.B. steht für Natürlich. Aktiv. Berühren. Mit dieser Ausbildung arbeitest du mit der Tellington TTouch®-Methode nach Karin Petra Freiling mit gesunden Tieren, aber auch mit Tieren, die unter chronischen Erkrankungen oder Verhaltensstörungen leiden.

In den 80er Jahren des letzten Jahrhunderts entwickelte die Tierexpertin Linda Tellington-Jones zusammen mit ihrer Schwester Robyn Hood die Tellington-TTouch®-Methode. Ein wesentlicher Baustein dieser Methode ist die Körperarbeit mit dem Tier, die aus einer Kombination kreisender, hebender und streichender Berührungen besteht und Einfluss auf die Zellaktivität nimmt. Nachweislich werden auf diese Weise beim Hund Stress reduziert, Verspannungen gelöst, Schmerzen gelindert, das Körperbewusstsein gestärkt, die Gesundheit gefördert und die Bindung zum Menschen vertieft.

TTouch wirkt gleichermaßen auf Körper, Psyche und Emotionen. Vor allem werden Pferde, Hunde und Katzen mit dieser ganzheitlichen Methode therapiert, man kann sich auf eine Tierart spezialisieren.

Mit der N.A.B.-Ausbildung lernst du nicht nur die Konzepte der Arbeit, die Tellington-TTouch-Methode nach Karin Petra Freiling, den Tellington-Lernparcours oder die Arbeit mit Körperbandagen kennen, sondern bekommst auch ein großes Verständnis für die Arbeit mit ätherischen Ölen, Bachblüten und der Farbtherapie vermittelt. Außerdem erhältst du jede Menge praktisches Rüstzeug. Dazu gehören unter anderem das Führtraining sowie die Arbeit im Labyrinth. Mit entsprechender Ausbildung kannst du vierbeinige Kunden in vielen Situationen unterstützen.

Voraussetzungen und Ausbildung

Für die Ausbildung zum N.A.B. - Ganzheitlicher Hunde-Verhaltensberater solltest du Freude am Umgang mit Hunden sowie ein grundsätzliches Interesse an Körperarbeit und alternativen Methoden haben. Eine Ausbildung zum Hundetrainer ist keine Voraussetzung, jedoch wird es empfohlen.

Die Ausbildung erfolgt in einem zwölfmonatigen Ausbildungskurs, mit theoretischen und praktischen Einheiten. Davon finden sechs Praxiseinheiten an jeweils zwei zusammenhängenden Tagen statt. Die siebte Einheit, die über fünf Tage läuft, beinhaltet einen Abschlusstest.

Verdienst

Für viele Berufsgruppen, wie zum Beispiel Tierärzte, Tierheilpraktiker, Verhaltensberater für Hunde, Hundetrainer oder Hundephysiotherapeuten, bietet diese Ausbildung eine sinnvolle Ergänzung zu ihrem bisherigen Tätigkeitsfeld, die sich auch finanziell auszahlen kann. Tatsächlich sind bewährte Methoden, um Angst, Aggression und Stress bei Hunden natürlich zu bearbeiten, immer mehr gefragt.

Die nächsten Schritte

Falls du noch keinen intensiveren Kontakt mit der vielfältigen N.A.B.-Methode hattest, dann informiere dich gern bei uns.

Diese Ausbildung wird ausschließlich von Ziemer & Falke angeboten, wobei wir die bekannte Biologin und Tellington-TTouch®-Trainerin Karin Petra Freiling als Dozentin gewinnen konnten. Wenn du dich für diese Ausbildung interessierst, findest du dazu noch viele weitere Informationen auf unserer Homepage *www.ziemer-falke.de*.

29

HUNDEFACHWIRT (IHK)

Berufsbild

Der Hundefachwirt (Industrie- und Handelskammer (IHK)) verfügt neben seinem Wissen im Umgang mit Hunden und deren Haltern auch über betriebswirtschaftliche Kenntnisse in den Bereichen Marketing, Recht, Steuern und Buchhaltung.

Ein Hundefachwirt (IHK) ist Branchenspezialist für die Hundewirtschaft. Er ist in ganz unterschiedlichen Bereichen der Hundewirtschaft anzutreffen. So kann er z. B. als Leiter bzw. Betreiber einer Hundeschule oder Hundepension arbeiten. Genauso sind Hundefachwirte (IHK) in der Futtermittelbranche und im Geschäft mit Tier-Accessoires vertreten.

Seine betriebswirtschaftlichen Qualifikationen sowie das vertiefte Fachwissen rund um den Hund sowie den Tierschutz ermöglichen ihm die Führung von zahlreichen Dienstleistungsbetrieben rund um die Hundewirtschaft.

Hundefachwirte (IHK) können selbstständig in einem eigenen Dienstleistungsbetrieb tätig sein oder auch in einem Anstellungsverhältnis z. B. bei einer Tierarztpraxis, einem Tierheim, einer Hundeschule oder in einer Hundepension.

Voraussetzungen und Ausbildung

Der Hundefachwirt (IHK) stellt eine sogenannte Aufstiegsfortbildung dar und entspricht dem Niveau des Bachelor-Abschlusses. Sie ist einer Meisterweiterbildung gleichgestellt und sichert so nicht nur Kompetenz- und Wettbewerbsvorteile gegenüber Mitbewerbern, sondern erlaubt beispielsweise auch eine anschließende Weiterbildung zum geprüften Betriebswirt (IHK).

Die Abschlussprüfungen für Fachwirte sind durch einheitliche Rechtsvorschriften geregelt und im Berufsbildungsgesetz (BBiG) niedergelegt. Die Titelbezeichnung „Fachwirt" ist deshalb rechtlich geschützt und staatlich anerkannt.

Die Aufstiegsfortbildung wendet sich an Personen, welche bereits eine Ausbildung und eine mindestens zweijährige Berufserfahrung in einem Wirtschaftszweig rund um das Thema Hund haben. Dazu zählen z. B. Tierpfleger, Tierarzthelfer, Mitarbeiter in Hundestaffeln, Beschäftigte in Tierheimen, Hundepensionen oder -hotels.

Auch wer eine mit Erfolg abgelegte Abschlussprüfung in einem anderen anerkannten mindestens dreijährigen Ausbildungsberuf und danach eine mindestens vierjährige Berufspraxis nachweisen kann, kann zugelassen werden. Die Zugangsvoraussetzungen können von IHK zu IHK variieren. Die Ausbildung wird in Kooperation mit der Industrie- und Handelskammer bundesweit angeboten.

Sie beinhaltet die folgenden Themenschwerpunkte:

- Volks- und Betriebswirtschaftslehre
- Recht und Steuern
- Rechnungswesen

- biologische Grundlagen
- Lernverhalten und Training
- Marketing

Der Themenplan umfasst insgesamt ca. 520 Unterrichtsstunden. Die Ausbildungsdauer ist abhängig von der gewählten IHK liegt zwischen zwölf und vierundzwanzig Monaten. Die Weiterbildungskosten betragen derzeit rund 4.600,00 €.

Auch ein privates Ausbildungsinstitut bietet diese Weiterbildung in Kooperation mit der IHK Flensburg an. Hier ist ein Fernlehrgang mit Präsenzphasen möglich.

In der Schweiz und in Österreich werden bisher keine vergleichbaren betriebswirtschaftlichen Fortbildungen im Bereich der Hundewirtschaft angeboten.

Verdienst

Der Verdienst ist abhängig vom Branchenbereich und lässt sich daher nicht direkt benennen.

Der Hundefachwirt (IHK) ist zudem eine Spezialisierung, die erst seit wenigen Jahren angeboten wird.

Bei einem Fachwirt aus dem Bereich „Gesundheit und Soziales", in dem der Hundefachwirt (IHK) angesiedelt ist, liegt das durchschnittliche Gehalt zwischen 1.500,00 € und 3.200,00 € monatlich

Die nächsten Schritte

Hier kannst du dich weiter informieren:

IHK Potsdam
Internet: *www.ihk-potsdam.de*

30

SACHVERSTÄNDIGER FÜR SCHIMMELPILZE

Berufsbild

Schimmelpilze im Wohnbereich gefährden die Gesundheit von Mensch und Tier. Während früher eher Formaldehyd das Umweltgift Nr. 1 war, ist es heute vom Schimmel abgelöst worden. So sind z. B. Böden aus Kork oder Linoleum Nährböden für Schimmel. Falsches Lüftungsverhalten und Mängel am Gebäude sind weitere Gründe für Schimmelbelastungen.

Der Sachverständige prüft im Auftrag der Krankenkasse oder aufgrund eines Privatauftrages die Wohnung von Kunden und Patienten. Dazu nimmt er z. B. Holz- und Raumluftproben und lässt diese, ebenso wie den Inhalt von Staubsaugerbeuteln, später im Labor analysieren.

Sollte das Labor feststellen, dass sich Ausgasungen von Schimmelpilzen in der Raumluft befinden, kommt der Schimmelpilzspürhund zum Einsatz, um die Schimmelpilze selbst aufzuspüren. 80 % aller Schimmelpilzschäden in Gebäuden sind nicht sichtbar.

Ein solcher Schimmelpilzspürhund hat eine ein- bis zweijährige Ausbildung durchlaufen und auch der Hundeführer hat gelernt, sich auf die Eigenarten eines jeden Hundes einzustellen und jede Zwischenstufe des Hundeverhaltens bei der Suche zu interpretieren. Regelmäßige Auffrischungskurse gehören dazu.

Der Hund wird in den Raum mit den Ausgasungen von Schimmel geführt und bekommt das Kommando zum Suchen. Pro Tag können maximal fünf bis sechs Häuser durchsucht werden. Die Einsatzdauer bei Spüreinsätzen beträgt etwa fünfzehn bis zwanzig Minuten. Dabei können 100 - 200 qm abgesucht werden.

Der Einsatz von Schimmelpilzspürhunden ist vom Umweltbundesamt und von vielen Landesgesundheitsämtern als zulässige Methode zur Ortung von Schimmelpilzen anerkannt. Im Gegensatz zur häufig eingesetzten Luftkeimmessung zeigt der Spürhund den Ort der Schimmelpilzbildung zuverlässig an und ist dabei präziser als die meiste Technik. Er findet auch Schimmelpilzbefall außerhalb seiner anatomischen Reichweite.

Sachverständige für Schimmelpilze sind oft bundesweit unterwegs.

Voraussetzungen und Ausbildung

Voraussetzung ist, dass du selbst eine Ausbildung zum Sachverständigen für Schimmelpilze besitzt. Zudem musst du einen Hund haben, der sich als Spürhund eignet. Viele Ausbildungsinstitute verlangen einen Nachweis, dass du ein erfahrener Hundeführer bist.

Schimmelpilzschäden riechen sehr unterschiedlich, daher ist das Training des Hundes sehr anspruchsvoll. Der Hund muss über viele Monate von erfahrenen Trainern ausgebildet werden. Und auch der Hundeführer muss erfahren sein und die kleinsten körperlichen Signale des Hundes erkennen und interpretieren können. Zudem muss der Hund auch nach der Ausbildung kontinuierlich weiter trainiert werden, damit er zuverlässig bei Suche und Anzeige bleibt.

Die Ausbildung kann bis zu 30.000 € kosten.

Schimmelspürhunde werden im zweijährigen Turnus z. B. vom BSS (Bundesverband Schimmelpilz-Sanierung e.V.) zum Zwecke der Qualitätssicherung überprüft und erhalten anschließend ein Zertifikat.

Beim BSS kannst du dich auch als Fachkraft für Schimmelpilzsanierung ausbilden lassen.

Verdienst

Der Bedarf an Sachverständigen/Fachkräften für Schimmelpilze mit ausgebildetem Hund steigt stetig. Die Verdienstmöglichkeiten hängen maßgeblich von der Qualifikation von Halter und Hund ab.

Die nächsten Schritte

Hier kannst du dich weiter informieren:

Bundesverband Schimmelpilz-Sanierung
Internet: *www.bss-schimmelpilz.de/start/*

Ausbildungs- und Prüfzentrum für Schimmelspürhunde
Internet: *www.apzs.de/ausbildung*

Österreich
Internet: *www.schimmelsuchhunde.at/ausbildung*

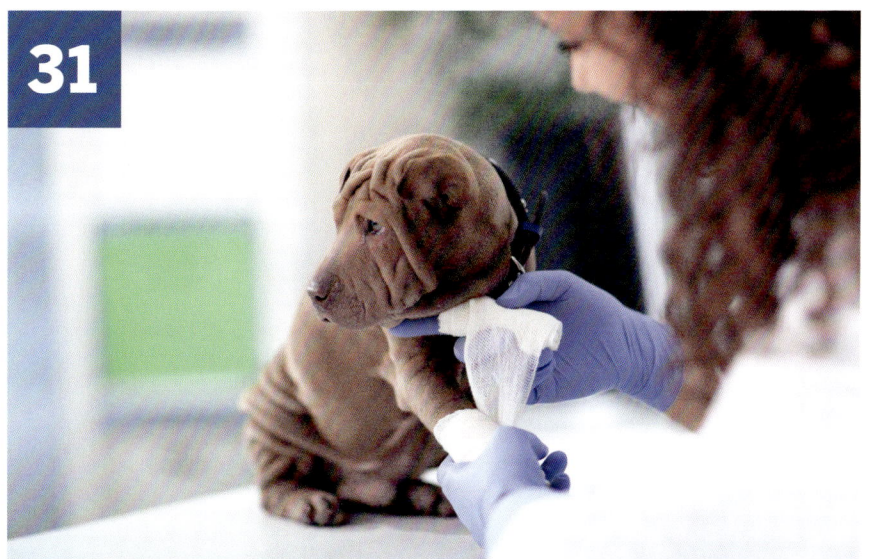

31

HUNDEORTHOPÄDIETECHNIKER

Berufsbild

Hundeorthopädietechniker erweitern das Behandlungsspektrum von Tierärzten und Tierphysiotherapeuten. Sie entwickeln speziell für Hunde Hilfsmittel, mit denen ein dauerhaft oder temporär körperlich behinderter Hund mehr Lebensqualität erhält und weniger Einschränkungen erleiden muss. Oftmals können so risikoreiche Operationen, Amputationen oder sogar das Einschläfern verhindert werden.

Auf hohem technischem Niveau werden Hilfsmittel wie Tier-Bandagen, Tier-Prothesen, Pfotenschutz, Verbandsschuhe und Hunderollwagen angefertigt. Mit Hilfe von Orthesen können zum Beispiel Fehlstellungen korrigiert, eingeschränkte Körperfunktionen (in Teilen) wieder hergestellt oder Körperteile zu Heilungszwecken zeitweise ruhiggestellt werden. Dabei erfolgt eine enge Zusammenarbeit v. a. mit Tierärzten und Tierkliniken. Du kannst als Selbstständiger arbeiten oder für ein Sanitätshaus oder Rehatechnik-Geschäft für Tiere tätig werden.

Voraussetzungen und Ausbildung

Du solltest zunächst eine Ausbildung zum Orthopädiemechaniker haben und dich anschließend auf Tiere/Hunde spezialisieren.

Die Ausbildung zum Orthopädietechnik-Mechaniker ist ein dreijähriger staatlich anerkannter Ausbildungsberuf im Handwerk. In der Regel wird die Mittlere Reife verlangt. Auch solltest du über ein gutes räumliches Vorstellungsvermögen, über Beobachtungsgenauigkeit, Handgeschicklichkeit, eine gute Auge-Hand-Koordination sowie technisches und zeichnerisches Verständnis verfügen.

Verdienst

Du bekommst im ersten Lehrjahr derzeit 515,00 Euro brutto monatlich, im zweiten Lehrjahr 611,00 Euro und im dritten 695,00 Euro.

Das Einstiegsgehalt liegt bei 1.400,00 € bis 1.700,00 €. Mit Berufserfahrung ist ein monatlicher Bruttolohn zwischen 2.200,00 und 2.600,00 Euro zu erwarten. Und wenn du dich für einen Meistertitel entscheidest und vielleicht sogar Personalverantwortung hast, dann kann das Gehalt sogar bis auf 4.000,00 Euro monatlich ansteigen.

Die nächsten Schritte

Falls du dich für diesen Beruf interessierst, kümmere dich zunächst einmal um einen Ausbildungsplatz zum Orthopädietechnik-Mechaniker im Humanbereich. Danach steht einer Spezialisierung auf Tiere/Hunde nichts mehr im Wege.

32

TIERKOMMUNIKATOR

Berufsbild

Unter Tierkommunikation versteht man die telepathische Kommunikation mit Tieren. Sie wird daher auch manchmal Tiertelepathie genannt. Es ist die Fähigkeit, ein Gefühl, ein Bild, einen Gedanken über die Distanz zu übertragen und zu empfangen.

Tierhalter, die ein Problem mit ihrem Tier haben, die ihrem Tier etwas sagen oder es etwas fragen möchten oder Menschen mit entlaufenen Tieren, nehmen die Dienste eines Tierkommunikators in Anspruch. Manche Tierkommunikatoren bieten sogar das Gespräch mit bereits verstorbenen Tieren an. Dabei reicht dem Tierkommunikator oftmals ein Foto des Tieres aus, um mit ihm Kontakt aufzunehmen. Manchmal ist nicht einmal das notwendig.

Neben der Beratungs- und Vermittlertätigkeit bieten viele Tierkommunikatoren Seminare und Ausbildungen an.

Voraussetzungen und Ausbildung

Tierkommunikatoren gehen davon aus, dass jeder Mensch lernen kann, mit Tieren zu sprechen. Voraussetzung dafür ist, dass du daran glaubst, dass telepathische Kommunikation etwas ist, dass jedes Wesen kann und auch tut.

Eine andere Voraussetzung ist, dass du dich mit Hunden auskennst. Ansonsten wird es schwierig, sich mit dem jeweiligen Hund auszutauschen.

Die Ausbildung wird in Form von Präsenzseminaren und Webinaren angeboten. Oftmals gibt es einen Basiskurs, auf den sich weitere Kurse aufbauen. Die Kosten für eine Ausbildung schwanken stark und liegen zwischen 300,00 € und 4.500,00 €.

Verdienst

Es gibt Tierkommunikatoren, die von diesem Beruf leben können. Es kommt darauf an, wie gut du bist und welches Klientel du anziehen kannst. Empfehlenswert ist eine zusätzliche Qualifikation z. B. als Tierheilpraktiker.

Ein Beratungsgespräch von einer Dreiviertelstunde kostet in der Regel zwischen 60,00 € und 90,00 €.

Die nächsten Schritte

Es gibt viele schwarze Schafe in diesem Bereich. Vergleiche sorgfältig die verschiedenen Ausbildungsangebote. Auf jeden Fall muss die Möglichkeit zum praktischen Üben mit Feedback gegeben sein.

SCHMUCKDESIGNER (SCHMUCK AUS HUNDEHAAR)

Berufsbild

Schmuckdesigner mit der Spezialisierung auf Hundehaar fertigen außerge-wöhnliche Schmuckstücke individuell aus dem Fell des jeweiligen Kunden-Hundes an. Jedes Schmuckstück ist damit ein Unikat.

Für eine Fellperle z. B. wird eine Handvoll ausgebürsteter Haare benötigt. Neben Hundehaaren verwendet der Schmuckdesigner dabei Sterlingsilber, Gold, Edelstahl, hochwertige Leder, Kautschuk und verschiedene Edelsteine.

Das Haar wird von groben Verunreinigungen befreit, mit hochwertigen Pflan-zenseifen ohne chemische Zusätze behandelt und dann weiterverarbeitet.

Voraussetzungen und Ausbildung

Du benötigst nicht unbedingt eine Ausbildung zum Goldschmied oder ein Studium zum Schmuckdesigner, auch wenn das sehr hilfreich wäre. In jedem Fall brauchst du viel Kreativität, Fingerspitzengefühl und handwerkliches Geschick.

Die Ausbildung zum Goldschmied beträgt dreieinhalb Jahre und findet dual statt, also sowohl im Ausbildungsbetrieb als auch in der Berufsschule.

„Schmuckdesign" ist ein Bachelorstudiengang und wird an einigen Fachhochschulen angeboten.

Es gibt jedoch auch Fernlehrgänge mit dem Thema „Schmuckdesign und -herstellung". Sie bestehen aus Skripten, die bearbeitet werden müssen und aus Workshops, um die Praxis zu vertiefen. Diese Lehrgänge dauern etwa ein Jahr.

Verdienst

Das durchschnittliche Einstiegsgehalt liegt bei einem Goldschmied bei ca. 1.500,00 €. Ein Goldschmiedemeister verdient zwischen 2.000,00 € und 3.800,00 €.

Ein selbstständiger und erfahrener Schmuckdesigner verdient im Schnitt zwischen 2.800,00 € und 3.500,00 €. Viel hängt vom Kundenstamm und der Saison ab. In der Weihnachtszeit sind die Einnahmen am höchsten.

Du möchtest jedoch vor allem Schmuck aus Hundehaar fertigen. Wie viel du mit dieser Spezialisierung verdienen kannst, lässt sich schwer sagen. Es kommt auch darauf an, welche weiteren Materialien du verwendest. So kann ein Armband aus Hundehaar 35,00 € kosten, aber auch 235,00 € und mehr.

Die nächsten Schritte

Beginne diese Tätigkeit am besten als Hobby und schau, wie die Schmuck-stücke bei Freunden und Bekannten ankommen. Möchtest du sie verkaufen, musst du ein Gewerbe anmelden. Auch eine eigene Webseite mit einem On-line-Shop ist dann ein Muss.

Über die Ausbildung zum Goldschmied kannst du dich z. B. bei der Agentur für Arbeit weiter informieren: *www.berufenet.arbeitsagentur.de*

Mit diesem kleinen Ratgeber haben wir dir nun eine Menge Berufe auf-zeigen können, die man mit Hunden umsetzen kann. Solltest du dar-über hinaus noch weitere Fragen haben, so melde dich gerne bei uns. Wir freuen uns, wenn wir dir weiterhelfen können.

ALLES LIEBE
DEINE TINA UND DEIN JÖRG!

www.ziemer-falke.de

NOTIZEN

33 Berufe rund um den Hund

NOTIZEN

33 Berufe rund um den Hund

NOTIZEN

33 Berufe rund um den Hund

NOTIZEN

BILDNACHWEISE

Seite 10   didesign021/shutterstock.com
Seite 14   VGstockstudio/shutterstock.com
Seite 17   Microgen/shutterstock.com
Seite 21   YAKOBCHUK VIACHESLAV/shutterstock.com
Seite 25   WavebreakMediaMicro/fotolia.de
Seite 28   dezy/shutterstock.com
Seite 31   Kalamurzing/shutterstock.com
Seite 33   Halfpoint/shutterstock.com
Seite 37   Yuriy Golub/shutterstock.com
Seite 40   Pushish Images/shutterstock.com
Seite 42   Lucky Business/shutterstock.com
Seite 46   Syda Productions/shutterstock.com
Seite 49   cimermane/shutterstock.com
Seite 52   Christian Müller/fotolia.de
Seite 56   Africa Studio/shutterstock.com
Seite 60   Hamperium Photography/shutterstock.com
Seite 63   steved_np3/shutterstock.com
Seite 66   otsphoto/shutterstock.com
Seite 70   hedgehog94/shutterstock.com
Seite 74   ALPA PROD/shutterstock.com
Seite 80   Helen Sushitskaya/shutterstock.com
Seite 84   Golubovy/shutterstock.com
Seite 86   marvent/shutterstock.com
Seite 89   Olena Yakobchuk/shutterstock.com
Seite 91   JKstock/shutterstock.com
Seite 93   aaronj9/shutterstock.com
Seite 97   Bobex-73/shutterstock.com
Seite 100   isavira/fotolia.de
Seite 103   Roman Samborskyi/shutterstock.com
Seite 106   wavebreakmedia/shutterstock.com
Seite 109   VP Photo Studio/shutterstock.com
Seite 111   FCSCAFEINE/shutterstock.com
Seite 113   iHereArt/shutterstock.com